智慧储能革命

刘渝阳　陈冕　著

中国科学技术出版社
·北　京·

图书在版编目（CIP）数据

智慧储能革命 / 刘渝阳，陈冕著．-- 北京：中国科学技术出版社，2025. 9. -- ISBN 978-7-5236-1508-9

Ⅰ．TK02

中国国家版本馆 CIP 数据核字第 20252KJ866 号

策划编辑	李清云
责任编辑	方　理
封面设计	潜龙大有
版式设计	愚人码字
责任校对	邓雪梅
责任印制	李晓霖

出　　版	中国科学技术出版社
发　　行	中国科学技术出版社有限公司
地　　址	北京市海淀区中关村南大街 16 号
邮　　编	100081
发行电话	010-62173865
传　　真	010-62173081
网　　址	http://www.cspbooks.com.cn

开　　本	880mm × 1230mm　1/32
字　　数	200 千字
印　　张	9
版　　次	2025 年 9 月第 1 版
印　　次	2025 年 9 月第 1 次印刷
印　　刷	北京盛通印刷股份有限公司
书　　号	ISBN 978-7-5236-1508-9
定　　价	79.00 元

前 言

开启能源文明的新纪元

人类文明的每一次跨越，都伴随着能源利用方式的革命。从钻木取火到蒸汽机轰鸣，从电力网线的铺设到核能裂变的火花，能源始终是文明进程的基石。然而，在21世纪的今天，人类正站在一个前所未有的十字路口：气候危机步步紧逼，化石能源的桎梏尚未打破，而风、光等可再生能源的浪潮已汹涌而至。在这场新旧能源体系的碰撞中，一个关键问题浮出水面——如何让自由奔涌的清洁能源，成为稳定可靠的文明动力？答案，或许就藏在“智慧储能”四个字中。

储能，从来不是简单的“电池”或“仓库”。当能源革命进入智能化时代，储能技术已演变为一场融合材料科学、人工智能、物联网与系统工程的深刻变革。它不仅是电力系统的“缓冲器”，更是能源网络的“智慧大脑”：通过算法预测供需波动，借助区块链实现点对点交易，利用纳米材料突破物理极限，甚至让每一辆电动汽车都成为移动的储能节点。这场革命正在重构能源的生产、传输与消费方式，让人类首次有机会编织一张“自愈、自适应、自优化”的能源互联网。

本书尝试记录人类用智慧解锁能源自由的史诗级发展历史。我们将从锂电池实验出发，穿越氢能储运的工程迷雾，探寻压缩空气储能的洞穴秘境；我们也将登上虚拟电厂的数字指挥塔，目睹人工智能（AI）如何调度千万家庭的光伏板与储能柜，在毫秒间平衡城市的脉搏。这些故事背后，是科学家在材料微观世界中的执着探索，是工程师对大规模系统集成的极限挑战，更是政策制定者在制度创新中的破冰前行。

值得深思的是，智慧储能革命的意义早已超越技术本身。当沙漠中的光伏电站与沿海城市的储能阵列隔空对话，当偏远山村的微电网点亮教育与医疗的希望，能源民主化的曙光已然显现。这场革命在重塑产业逻辑的同时，也在重新定义社会公平——它让每个个体既是用能者，也能成为供能者；它让发展中国家有机会跳过传统能源基础设施的沉重包袱，直接跃入清洁能源的新赛道。

当然，通向智慧储能的道路绝非坦途。本书并未回避那些尖锐的争议：锂电池的环境代价、氢能经济的高昂成本、长时储能的技术瓶颈，以及能源转型中不可避免的利益博弈。但我们相信，正是这些矛盾与挑战，构成了技术进化最强劲的驱动力。正如 19 世纪在煤烟中孕育出电气时代，今天的困境中也必会萌发明天的答案。在碳中和成为全球共识的今天，智慧储能已不再是选择题，而是关乎文明存续的必答题，它不仅是一部技术创新史，更是一部人类与自然和解的启示录。

翻开此书，您将看到的不仅是一幅能源革命的蓝图，更是一个充满可能性的未来。未来，能源不再是稀缺的争夺对象，而是像空气般自由流动的公共品；储能系统如同数字时代的“新血管”，将清洁能源输送到每个需要它的角落。这或许就是我们能为后代留下的最宝贵遗产：一个可持续的星球和一套与自然共生的能源智慧。

CONTENTS

目 录

第一部分

读懂人类能源发展大势

第二部分

常见的智慧储能场景

第三部分

实现智慧储能的主要路径

第一部分

读懂人类能源发展大势

能源发展，一直关乎社会经济进步和人类的生存发展。全面了解能源发展的历史脉络和重要历程，读懂能源发展大势，对于解决当前人类面临的能源发展困境，找到更安全、更洁净的新型能源，至关重要。

第一章

人类利用能源的发展走向

第一节　化石能源时代的储能逻辑

储能是石油勘探中关于油藏的一个名词，特指储层储存油气的能力。储能（Energy Storage）一般是指将能量通过物理、化学或其他形式储存起来，以便在需要时再利用的过程，它解决能源生产与消耗在时间、空间或形式上的不匹配问题，从而提升能源系统的灵活性、稳定性和效率。

在化石能源时代，人类大规模利用的自然能源主要是煤炭、石油和天然气。这些都是通过燃烧化石能源来获取能源。煤炭的构成元素主要有碳、氢、氧、氮、硫等，此外还有极少量的磷、氟、氯和砷等元素；汽油、柴油主要由烃类混合物、链烷、环烷或芳烃构成；天然气主要由甲烷、乙烷、丙烷和氢组成。煤炭、天然气、柴油、汽油等在常温时非常稳定，燃烧时能量快速释放。通过火力发电设备，这些化石能源可以转化为电能。

一、燃煤方式下的储能

从第一次工业革命开始，伴随蒸汽机的大规模使用，煤炭成为主要能源，被规模化开采和利用。例如，蒸汽机火车头就是通过煤炭在车头内部的炉火中燃烧，产生蒸汽驱动车轮转动，从而推动火车前进。因此，装载越多的煤，火车就可以行驶越长的距离，这就是蒸汽机火车头的储能方式：储存煤炭。

煤炭的储存方式主要包括露天储煤、煤库储煤、散堆平台堆放、煤仓内堆放、煤仓外露天堆放、湿垛存放、气膜煤棚等。在我国南方地区，家庭等终端用户储存煤炭时，一般会把煤炭打造成一定形状，如球形、蜂窝状等，便于煤炭充分燃烧。总之，每种储存方式都有其特点和适用场景，选择合适的储存方式对于保证煤炭质量、减少环境污染以及降低成本具有重要意义。因此，在采用燃煤方式利用能源的情况下，由于经济可行性的原因，一般采用储存煤炭（燃料）的方式来储存能源，而不是储存煤炭燃烧后的热能。

二、燃油方式下的储能

人类把石油作为能源使用是在19世纪末人类造出内燃机后。当汽油和柴油作为驱动能源，被广泛应用于人类社会的交通工具——汽车、飞机、轮船、内燃机车等中，石油制品（汽油、柴油、煤油等）才成为人类最主要能源之一。

石油（柴油、汽油、煤油等）这种能源与煤炭一样，可以通过燃烧它而获得能量。而燃烧后的能量并不好保存，主要是规模化储存非常困难，经济成本十分高昂，因此，燃油方式下的储能一般采用储存石油及其制品（柴油、汽油、煤油等）的方式实现。

石油制品（柴油、汽油、煤油等）在常温下呈液态，容易挥发，只能采用油罐、油箱等专用设备进行存储。例如，汽车就是把汽油存储在油箱中，以便在行驶过程中不断燃烧获得能量转化。由于石油类产品能量密度高，喷气式飞机、内燃机火车、大型船舶、大型卡车等都是以此为能源，采用油箱储存方式进行储能，支撑交通工具的远距离巡航。大规模的存储则采用大型油罐。

三、天然气的存储方式

天然气的开采和利用几乎伴随着石油的利用历史。天然气与煤炭和石油一样，是通过燃烧利用的能源。顾名思义，天然气在常温下是气态，它的储能方式最关键有两点：一是与空气的隔离，二是压缩体积。由此，目前主要有四种大规模储存方式。

一是储气罐储气。这是一种通过压缩天然气，将天然气与空气隔离的储存技术，属于物理储能的范畴。其原理是通过外部能量压缩天然气并存储于密闭容器中，需要时释放压缩天然气，实现能量的跨时空调配。

二是地穴储气。主要是利用天然地穴、废弃矿井等的地质特性，满足储气容量、耐用性、安全性、稳定性等要求，将天然气打入地下储存，是我国比较常用的储气方式。此外，还有利用含水多孔地层储气，利用废弃煤矿井储气等。

三是液化储气。将天然气冷却至 -162℃以下转变为液态天然气，此时，其体积仅为气态时的 1/600，可在同等体积的容器下实现储存规模的大幅扩张。由于需要制备低温，此技术难度远高于其他方式，储存设备也更加复杂。一般海上跨洋大规模运输天然气就是采用液化储存方式。

四是水合物储气。天然气水合物即“可燃冰”，是一种在高压低温条件下由甲烷等气体分子包裹在水分子的笼形晶格中形成的类冰状结晶物质。1 立方米天然气水合物可释放约 160 立方米天然气。

总之，上述几种能源是化石能源时代人类利用能源的主要形态，通过燃烧它们，可以及时便捷地将化石能源转化为电力。化石能源的优点是能量密度高，常态下稳定，容易存储，利用便利，因此，火力发电厂（无论是燃煤、燃油还是燃气）可以根据电力需求调节燃料的输入量，从而灵活调整电力的输出功率，不必担心多余电力的存储问题。存储化石能源比存储电力更方便、稳定和经济，但化石能源的缺点也十分突出，燃烧产生大量的污染物破坏地球生态环境，自然界储量有限，而且开采难度越来越大。随着地球生态约束越来越严格，绿色发展成为时代主流，人类逐渐进入新能源时代。

第二节　新能源时代面对新的挑战

随着化石能源在全球的广泛使用，废气排放带来的环境问题日益严重。在地球大气层中，以二氧化碳为主的温室气体浓度持续突破历史最高水平，温室效应越来越严重，全球极端温度频繁出现。为保护人类赖以生存的地球生态环境，在联合国的推动下，发达国家和发展中国家纷纷提出“碳达峰、碳中和”目标，力求控制全球温室气体排放的峰值。

21世纪以来，“风、光、氢”等可再生新能源加速发展，形成第四次能源革命，但风电、光伏等新能源产出波动较大，电力供应还存在有时过剩，有时不足的问题，且频率忽高忽低，这就需要智慧储能来担当“绿电管家”，平衡电网供需。根据中关村储能产业技术联盟全球储能数据库不完全统计，截至2024年年底，我国新型储能装机规模首次超过抽水蓄能，功率、能量规模分别达到78.3吉瓦/184.2吉瓦时（1吉瓦=100万千瓦），同比增长126.5%、147.5%。

一、大规模长周期储能的挑战

风力发电、光伏发电的波动性、间歇性、随机性给电网系统平稳运行和电力生产消纳平衡带来挑战。风电、光伏发电易受天气影响，“极热无风、极寒少光”特点明显，出现极端天气时发电不稳定，容易造成电力供需不平衡。当电力系统中风电、光伏发电量占比持续增加时，需要解决数天、数周乃至跨季节的电力电量平衡问题。

当前，主流的短时储能技术包括锂电池、液流电池等储能方式。但是，随着新能源电力在电网中占比的持续增长，几小时的短时储能越来越不具备调整电网平衡的支撑能力，大规模长周期储能技术是解决这一问题的关键。长时储能则要求更长时间周期、更大容量规模，能够在更长维度上熨平新能源潮汐式发电带来的波动，保障季节性及极端天气下的电力供应。

目前，国内外对于长时储能的放电时长尚未统一定义。国内一般认为，持续放电时长在 4 小时以上的技术属于长时储能，具体形态上则包括抽水蓄能、压缩空气储能、熔盐储能、液流电池和氢储能 5 种类型。同时，长时储能也面临诸多挑战。

首先是经济成本较高。很多液流电池以成本优于锂电作为噱头，但从实际情况来看，液流电池的成本仍在 2~3 元，而锂电已经降到 0.8 元以下，液流电池在经济性上竞争力不够。

其次是技术成熟度不够。很多液流电池企业将实验室的技术参数作为产品的实际性能，但实验室环境下的参数并不代表在工业应用中可以达到同样的性能。另外，现在储能产品生产企业各自为政、产品不透明、缺乏行业技术标准也阻碍了新型储能行业的发展。

人工智能（AI）技术与能源结构变革共振融合，既是能源发展趋势，也是新能源储能发展面临的另一重大挑战。AI 技术，尤其是以大模型为核心的 AI 技术飞速发展，成为推动新能源储能升级的重要力量。全球各国算力中心有望成为首个新能源储能使用率达 100% 的应用场景。

人类历次工业革命都是和能源革命紧密相连的。数字经济发展靠算力，而算力背后的支撑是能源。仅仅依靠以化石能源为主的能源供应体系，是无法支撑起未来的数字经济的。大力发展新能源，不仅有助于解决环境问题，同时也有助于解决数字革命需要的能源问题。

在新能源系统支撑算力发展的同时，AI 技术也在推动其不断革新。AI 大数据逐渐成为构建储能系统的智慧大脑，是智慧能源发展的重要一环。有了硬件设备基础，就需要通过算法、软件融入其中，保持底层资产的持续迭代升级。比如说，通过对海量历史数据的学习，AI 大模型可以更好地预测能源供需变化，从而帮助优化能源调度，减少浪费，提升整个电网的运行效率。

二、高密度动力能源的挑战

新型液态锂电池具有污染少和响应快等优点，已经广泛用在新能源汽车、机器人、无人机等领域，其能量输出、转换效率、使用寿命等都有长足进步，但能量密度仍然不能满足动力能源存储的要求。动力电池行业公认，全固态电池是下一代高密度动力电池的首选方案之一，被列入中国、美国、日本、韩国等主要国家的发展战略，成为下一代高密度动力电池技术竞争的关键制高点。

现阶段，行业内正在大规模运用的动力电池为液态锂离子电池，它存在一定的热失控风险，有着里程焦虑，并且已接近能量密度上限。全固态电池被认为是新一代高能量动力电池最好的选择之一，是未来锂电的理想形态。

液态锂电池由电解液、隔膜以及正负极材料组成。在固态电池中，固态电解质替代了电解液。固态电解质这种新材料是实现动力电池高安全性、高能量密度、长循环寿命性能的关键。其中，用硫化物作电解质的锂电池的热稳定性可以保持到最高 300℃，远超液态电解质 100℃的蒸发临界温度，因此全固态电池相对液态电池增加了 200℃的安全冗余空间，使得固态动力电池有着更高的安全保障。

当前，主流的液态锂离子电池的离子传导模式为运载模式，需要经过溶剂化、脱溶剂化等流程。然而，锂离子在固态电解质中是跳跃模式，它的传递速率更高，这就使其充电速度可以大幅度提高。现有的液态锂离子电池在低温环境下的续航里程不理想，相较而言，全固态电池的电解质在 -30℃和 100℃的范围内都不会凝固和气化，温度适应性非常好，不需要进行很复杂的热管理，能源容量不会随冬季低温而大幅下降。固态锂离子电池需求的迅速增长，对新一轮材料创新提出挑战。

三、新型储能的安全性挑战

当前，锂电池储能在新型储能中的占比最大。但是，锂电池的热稳定性更为敏感。部分锂电池体系，如三元锂电池，在高温环境或电池内部短路等情况下，容易发生热失控。这种热失控容易导致锂电池的温度飙升，造成电池爆炸、猛烈燃烧等危险。随着科技的进步，磷酸铁锂等一些锂电池材料的热稳定性正在不断提高。这些新材料的应用在一定程度上缓解了锂电池热稳定性差的问题，但仍需要在使用过程中保持警惕。

锂电池对过充和过放较为敏感。一旦发生过充，锂电池内部可能会发生一系列不可逆的化学反应，产生气体、热量等。这些反应不仅会导致电池鼓包、性能下降，还可能增加起火甚至爆炸的风险。过放则可能导致电池内部电极材料损坏，使电池性能大幅下降。因此，在使用锂电池时，需要严格控制充电和放电条件，以防止过充过放情况的发生。

锂电池内部的化学物质种类较多，部分化学物质具有较高的活性和易燃性。例如，锂电池中的电解液通常是有机碳酸酯类溶剂，具有一定的可燃性。一旦电池内部出现问题，如电解液泄漏、电极材料短路等，遇到明火或高温等情况时，容易引发燃烧。这种特性使得锂电池在使用和存储过程中需要特别注意防火防爆措施。

随着锂电池储能装机量迅速提升，储能电站火灾在全球频繁发生。2025 年 1 月 16 日，美国加利福尼亚州的一座锂电池储能电站发生严重火灾，为新型储能的安全性敲响警钟。该储能电站用于稳定加利福尼亚州电网运行，电站储能总规模 750 兆瓦。

2024 年 5 月，美国加利福尼亚州盖特韦（Gateway）250 兆瓦三元锂电池储能电站发生起火，大火被扑灭后几经复燃，并持续了 6 天之久，由此引发储能行业广泛讨论。

大型锂电池储能电站往往由几万甚至几十万个储能电池通过串并联组成。除了电池自身的热失控火灾风险，储能系统的电气故障也会进一步增加火灾发生的概率，使得储能电站火灾总体概率大幅提升。据维科网储能不完全统计，2023 年至 2024 年 4 月，全球发生储能安全事故超 70 起。

第三节　可再生能源的发展前景

可再生能源发电包括光伏发电、水力发电、风力发电、生物质能发电、地热能发电、海洋潮汐发电等，随着全球能源需求的持续增长和环境保护意识的提高，可再生能源行业正经历着前所未有的发展变革，逐渐成为全球能源结构转型的重要方向。2023 年可再生能源发展势头迅猛，并以较高水平加速增长。中国社会科学院国际能源安全研究中心与社会科学文献出版社联合发布的《世界能源蓝皮书：世界能源发展报告（2024）》称，根据国际能源署（IEA）数据，2023 年全球可再生能源总装机容量比 2022 年增长 50%，装机容量增长速度打破近 30 年来最高历史纪录。

一、规模化发展趋势

可再生能源将呈现规模化发展的趋势。国际可再生能源署（IRENA）发布的数据显示，截至 2023 年年底，全球可再生能源发电装机容量达到 3865 吉瓦，增长 14.6%，是史上最快增速。2023 年全球可再生能源新增装机容量已达 473 吉瓦，创 2000 年以来历史新高。其中，太阳能发电总装机容量不仅排名第一，而且增长势头最为迅猛，占新增装机容量的 75%。

全球可再生能源发电量占总发电量的份额从 2019 年的 29% 上升到 2023 年的 30%，其中以太阳能和风能为主的可再生能源持续强劲增长。2023 年，太阳能与风能发电量再创新高，二者的发电量在可再生能源发电量中的占比已达到44%，二者发电量之和再次超过核能发电量。截至2023年年底，中国实现可再生能源总装机容量超过火电装机容量的历史性突破。根据国家能源局官方统计，截至2023年年底，我国可再生能源发电装机总量已经突破14.5亿千瓦，占全国总发电装机容量的比重超50%。

二、技术革新与智能化

可再生能源行业将继续迎来技术革新。新一代光伏电池（如钙钛矿、碳化硅、叠层电池）和超大型风机将成为行业热点。同时，智能化技术将广泛应用于可再生能源领域，包括AI、大数据和区块链技术等，这些技术将优化新能源管理，提升电网灵活性和新能源消纳率。可再生能源与其他产业深度融合，形成多元化的应用场景。例如，农光互补、渔光互补等模式将进一步推广，可再生能源与智慧城市、智能交通等领域的结合也将更加紧密。

三、储能与智能电网的协同发展

长时大容量储能技术是解决风、光等可再生能源发电间歇性问题的关键。随着钠离子电池、锂离子电池、液流电池等先进储能技术的不断发展和商业化应用，储能市场规模迅速扩大。预计到2025年年底，全球储能市场规模将达到数千亿美元。同时，智能电网的建设也将深入推进，提高电力系统的智能化水平和自动化程度。长时储能与智能电网的协同发展将有助于提高电力系统的稳定性和可靠性，促进新能源和可再生能源的接入和消纳。

四、国际合作与全球能源治理

在全球可持续发展和能源转型的背景下，国际能源合作不断深化。各国将加强在能源技术研发、项目建设、市场开拓等方面的合作与交流，共同推动全球能源行业的转型和升级。同时，各国也将积极参与全球能源治理机制建设和完善，为全球能源行业的可持续发展提供更多支持和保障。

第四节　智慧储能革命中的新质生产力

一、虚拟电厂

虚拟电厂本身并不发电，而是通过数字化、智能化手段对原本分散的电源、电网、负荷和储能进行动态调控，从而实现电力资源的有效聚合和协同优化。虚拟电厂像一个“智慧大脑”，它通过协调分布式发电资源、调整部分用电需求，形成规模化调节能力，增加“电力弹性”，进而确保电力系统安全运行。它像一个特殊“电厂”，参与到电网的运行和电力的市场交易中，而且这种特殊“电厂”还能通过智能算法、大数据模型，打破供给侧和用电侧之间的物理界限，有效促进新能源的消纳。因其可以起到和发电厂一样的效果，虚拟电厂被誉为电力行业的“智慧搬运工”。

二、AI 监测储能更加安全

工业和信息化部等八部门于 2025 年制定了《新型储能制造业高质量发展行动方案》，提出推动区块链、大数据、人工智能、5G 等信息技术在新型储能制造业广泛应用，支持基于数字孪生和人工智能技术开展新型储能安全预警技术攻关。即在储能技术领域，利用 AI 技术对储能材料性能进行更加精准的模拟和优化，并借助电池保姆或电池管理系统（Battery Management System，BMS）、大数据等新一代 AI 技术监测评估电池的运行状态，利用机器人巡检来提升运维效率，通过主动安全技术对储能系统可能发生的故障进行早期识别和预警。在光伏电站的储能场站管理中，在大数据的支持下，AI 技术可准确预测并配置应对策略，采取措施平衡电网上传载荷和下载储能，提升整个系统的经济效益。总之，新一代 AI 未来将成为储能安全运维的重要手段，在新型储能领域得到更广泛的应用，成为产业发展新引擎。

三、构网型储能强势崛起

风、光伏等新能源发电不具备传统同步发电机的物理特性，在抗扰性、过载能力、调频调压等方面能力不足，给电网运行带来一系列问题。构网型储能采用虚拟同步发电机技术，能够构建并维持输出电压和频率，以电压源特性运行，并在电网故障时主动支撑电网的储能系统，能够对电压、频率、功角进行稳定控制，支撑新型电力系统长久稳定地运行。构网型储能可在并网和离网模式下运行，能够同时扮演电流源、电压源的双重角色。储能系统中的关键载体储能变流器（PCS）将继续加快迭代。从架构分类上看，储能变流器主要有组串式、集中式和高压级联几种，都可以用来做构网型储能系统。

构网型储能的难点在于控制算法，硬件主要解决过载能力问题。目前，构网型储能电站一般都超配 3 倍的储能变流器，以解决过载问题。近年来，构网型储能的关键技术获得突破，龙头企业频繁推出构网型储能新产品，产业链布局日渐完善。全国多地落地一批构网型储能示范性应用项目，项目储能规模也刷新全国、全球纪录。

区别于传统跟网型储能，构网型储能能够主动识别电网情况，更精细主动地平抑电网波动。构网型储能技术在算法层面采用多尺度电压幅频调制技术，结合宽频自稳和致稳控制技术，保障电网的稳定性和可靠性。在电网电压波动时，其能快速主动支撑电网电压，接近同步调相机的电压支撑能力；同时，还能输出阻尼功率，起到主动抑制电网振荡的作用，助力电网稳定。

近年来，华为、阳光电源、科华数能、远景储能、特变电工、海博思创等企业都纷纷布局构网型储能。据相关机构预测，到 2025 年国内构网型储能出货量将达到 7 吉瓦，到 2030

年有望达到 30 吉瓦，全球渗透率有望达到 20%。构网技术是储能领域的前沿技术，对新能源实现高比例乃至 100% 利用具有重要意义。

第二章

当代能源利用面临的问题与困境

能源是人类社会发展的基石。随着经济的不断发展，全球对能源的需求也在日益增加。主要能源如天然气、煤炭和石油等具有不可再生性，城市工业化的推进导致过度开采这些能源，它们面临着日益枯竭的问题。此外，使用化石能源会带来大量的环境污染，对动植物生存和居民日常生活都带来不良影响。与不可再生能源相比，可再生能源如太阳能、风能、水能等具有资源丰富、清洁环保等优势，在全球范围内得到广泛的关注和应用。

近年来，全球可再生能源装机容量持续增长，可再生能源在能源结构中的比重也在逐步提高。但由于可再生能源的建设和产出目前处于初级阶段，在发展中仍面临一些问题与挑战。

第一节　风电和光伏发电

一、风电和光伏相关政策

风电和光伏能源作为可再生能源的重要组成部分，在全球能源结构转型中占据重要地位。2023 年发布的《国家发展和改革委员会等部门关于促进退役风电、光伏设备循环利用的指导意见》强调，“深入贯彻习近平生态文明思想，完整、准确、全面贯彻新发展理念，加快构建新发展格局，着力推动高质量发展，加快发展方式绿色转型，深入践行全面节约战略，积极构建覆盖绿色设计、规范回收、高值利用、无害处置等环节的风电和光伏设备循环利用体系，补齐风电、光伏产业链绿色低碳循环发展最后一环，助力实现碳达峰碳中和”。意见提出了未来目标，即 2025 年集中式风电场、光伏发电站退役设备处理责任机制基本建立，退役风电、光伏设备循环利用相关标准规范进一步完善，资源循环利用关键技术取得突破。到 2030 年，风电、光伏设备全流程循环利用技术体系基本成熟，资源循环利用模式更加健全，资源循环利用能力与退役规模有效匹配，标准规范更加完善，风电、光伏产业资源循环利用水平显著提升，形成一批退役风电、光伏设备循环利用产业集聚区。

风电、光伏发电在电力供应保障中扮演着重要的角色，尤其是在优化能源结构、保障电力稳定供应方面的作用日益凸显。2024 年 3 月，国家能源局发布《2024 年能源工作指导意见》，指出要科学优化新能源利用率目标，并落实到重点行业企业，以消纳责任权重为底线，以合理利用率为上限，推动风电光伏高质量发展。持续推进绿证全覆盖和应用拓展，加强绿证与国内碳市场的衔接和国际认可，进一步提高绿证影响力。

二、风力、光伏发电的原理与特点

风能和太阳能都属于可再生能源，不会对大自然造成环境污染，且相比水能储量丰富。但两种发电方式都有着各自的长处和短板。

风是一种潜力巨大的清洁能源，风力发电的基本原理涉及风能到机械能的转换过程。具体而言，是通过捕捉风的动力来驱动特制的风车叶片（又称风轮）旋转。这些叶片的设计优化了空气动力学性能，使其能在风力作用下高效转动。随后，叶片的旋转运动通过一个高效的增速机系统（齿轮箱）被大幅度加快，这个步骤至关重要，因为它能够将风轮缓慢但有力的旋转转化为发电机所需的高速旋转。发电机内部主要利用电磁感应原理，将机械能转换为电能，从而实现了从风能到电能的直接转换。20 世纪初，人们开始尝试风力发电。欧美国家用航空工业的旋翼技术开发了小型风力发电装置，并用来在偏远海岛和山区发电。随着科技的不断发展，风力发电机的功率逐渐变大，为更多地区的居民提供用电。1990 年，瑞典首次于海上安装风电机组，这也是风能迈向海洋的关键一步。如今，风力发电在我国东北、西北及沿海地区有着广泛的应用。

风力发电有较强的地域适应性，无论是城市还是郊区都可以建设风力发电站，灵活满足能源需求，并且不受天气因素和时间的限制，能做到 24 小时持续产生能源。然而，风力发电依赖风速，较低的风速会降低发电效率。此外，风力发电会产生噪声污染，干扰周围居民和野生动物的生活，且风力发电站一般建在海拔相对较高的地方，维护成本高。

光伏发电通过半导体材料的光伏效应，直接将光能转化为电能，是目前而言最干净的清洁能源。光能发电的主要原理为光生伏特效应，由法国科学家贝克雷尔发现，他观察到光照会在半导体内部形成电位差，这一现象因此得名。在光线的照射下，电子会运动产生电流，当多个太阳能电池单元串联或并联形成更大的组合时，其产生的电力输出会显著增强，形成太阳能电池方阵，为人们提供庞大的电力供应。之后的科学家利用光伏效应原理，于 1954 年在实验室首次制成单晶硅太阳电池，这也意味着太阳能转换为电能的光伏发电技术诞生。此后的几十年里，各国迅速发展光伏发电技术，建设了多个光伏发电系统与光伏电站。迄今，光伏发电已经作为重要能源形式被全世界各地区所使用。

太阳能是一种高质量能源，太阳每秒到达地面的能量高达 800 兆瓦时，并且太阳能向电能的转换的整个过程不涉及燃烧或化学反应，因此不会产生烟尘、硫氧化物、氮氧化物等传统发电方式常见的污染物，也不会产生噪声污染。光伏发电安装地点相对风力发电而言更为灵活，太阳能板可以安装在自然环境中，也可以安装在建筑上；光伏电站的建造成本相对风力发电站而言也较低。此外，光伏发电系统具备高度的自主性和独立性，其运行不依赖于传统的能源供应网络，尤其是在偏远地区和发展中国家，这些区域往往面临着能源供应不稳定、基础设施薄弱等挑战，而光伏发电系统恰好能够满足这些地区的用电需求。缺点是光伏发电依赖天气，在晴天以外的天气中光伏发电的效率较低，需要大面积的光伏组件才能满足功率需求，在制造光伏板的过程中也会产生较高的污染。

三、风电和光伏发电的应用现状

作为如今环保能源的“新星”，目前，风力和光伏发电正处于快速发展阶段。

欧洲是全世界风电发展速度最快的地区。2010 年全球风电装机容量达到 7708 万千瓦，而欧洲风电装机容量占比约 51%。2024 年，欧盟风力发电量首次超过天然气，能够满足法国全部电力需求。

中国是全球风能资源大国，技术可开发量超过 10 亿千瓦，其中海上风能占比高达 75%。早在 2003 年，中国就已成为全球主要风电市场之一，与欧洲、美国、印度等地区并列。当年中国电力装机总量已达到 5.67 亿千瓦。值得关注的是，中国在海上风电领域持续取得突破。2023 年 6 月，全球首台 16 兆瓦海上风电机组在福建成功投运。这台机组每年可发电 6600 万千瓦时以上，相当于 3.6 万个家庭一年的用电量。该项目的建成不仅展示了中国在海上风电装备制造领域的顶尖实力，更标志着中国深远海风电施工技术达到国际领先水平。随着技术进步和成本下降，海上风电正逐步从近海向深远海拓展，成为新能源发展的重要方向。根据 2024 年 2 月发布的《中华人民共和国 2023 年国民经济和社会发展统计公报》，2023 年我国并网风电装机容量达到了 44 134 万千瓦，增长 20.7%。我国风电市场前景广阔，根据《风能世界》杂志测算，若按每千瓦装机容量 7000 元的设备投资成本计算，未来风电设备市场规模将达到 1.4 万亿至 2.1 万亿元。

光伏发电在 2023 年新增装机容量约为 375 吉瓦，同比增长超 30%。其中，我国是全球最大光伏市场和产品供应方，产业规模持续扩大，为全球电力提供做出了巨大的贡献。除了平常城市和乡村中常见的房屋建筑，近年来光伏机场、火车站也相继建成投入使用，北京的首都机场、大兴机场，上海的浦东国际机场等均设有太阳能发电系统，用于满足机场停车设施和装卸设备的需求。预计在 2025 年，光伏发电将逐步成为我国发电的主力能源。

风光互补发电系统利用风能与太阳能的天然互补特性，将两种清洁能源整合发电。这个系统主要由太阳能电池板、风力发电机、蓄电池和逆变器组成。当光照充足时，太阳能电池板将光能转化为电能；风速达标时，风力发电机同步工作。两种发电装置产生的电能统一存入蓄电池，再通过逆变器转换为交流电供用户使用，通过智能控制单元，可根据实时天气状况和用电需求动态调节发电量，确保供电稳定性。相比单一发电方式，风光互补系统具有资源利用率高、设备冗余少、投资回报周期短等优势，显著降低发电成本。目前其已广泛应用于偏远地区供电、通信基站、海岛能源站等场景，随着储能技术进步和设备成本下降，未来将在分布式能源领域发挥更大作用。

四、风电与光伏发电面临的挑战

1. 原料与技术瓶颈

风电及光伏发电都存在着显著的不稳定性特点，因此能源转化率尤为重要。以光伏发电为例，晶硅电池作为当前光伏产业的主流技术，工艺要求、设备进度限制以及成本控制等因素导致太阳能电池的转换效率相较于实验室更低，量产率始终维持在22%~24%。钙钛矿电池的转化率虽然高于晶硅电池，但面临湿度敏感会导致衰减等稳定性问题，使得其距离大规模商业化应用仍有很长的路要走，亟待攻克诸多技术难题。

在风光发电使用材料方面，我国呈现出高度的依赖性。以风电轴承为例，作为风力发电的关键部件，它对材料的强度、韧性以及抗疲劳性能等方面都有着极高的要求。由于大多数风电站都建立在荒漠、高山等地带，轴承要抵御风沙侵袭，还要具备防高低温差以及防湿、防热等特点，因此风机轴承相比普通轴承面临更多的技术壁垒。根据权威数据，我国风电主轴轴承的进口依赖度一度超过70%，尤其是3兆瓦以上机型的核心轴承产品仍旧被海外品牌所垄断，国内风电轴承市场占有率存在极大的提升空间。同时，在光伏发电中也存在着严重的原料依赖问题。光伏电池的核心辅材——银浆的主要成分为银粉，我国是全球最大的银粉进口国，银粉的高价格也增加了光伏电池的成本压力。在实际情况中，高端材料进口依赖或多或少会导致项目进展出现问题，影响其投入和运营。此外，对进口材料的依赖会使得我国风、光伏发电产业在技术升级和产业链自主可控方面面临巨大挑战，难以在国际市场竞争中掌握主动权。

2. 光电产业链供需不平衡

根据光伏行业协会数据，2023年我国已建成的多晶硅、硅片、电池和组件的产能占全球产能的比重分别为93.6%、97.9%、90.1%和83.4%，上游光伏制造扩产加速过快，导致产能规模阶段性超出市场需求，供需失衡让价格竞争愈加严重。2024年上半年，上述配件价格分别同比下跌40%、48%、36%和15%，部分企业产品定价甚至低于成本价格，由此可见光伏行业已呈现严重“内卷”趋势，严重的亏损也让一些光伏企业不得不采取停产、裁员和关闭工厂等措施。此外，光伏产品较快的迭代速度造成了相关代理商库存积压的艰难处境，进一步加剧了光伏市场的供需矛盾。

3. 风电并网消纳难

由于风力发电的特殊性，现有风电基站大多建设在新疆、甘肃等“三北”地区，但当地电力消纳能力有限，电力外送需求迫切。与之形成鲜明对比的是东部沿海地区，经济发达，电力负荷需求大，却因风能资源相对匮乏，风电装机规模较小，从而造成了风能资源与电力负荷中心逆向分布的矛盾。区域间资源禀赋与负荷需求不匹配，加剧了我国“西电东送”的调度难度。由于风能的不稳定特性，在风电并网时需要配备灵活的调峰电源。我国虽然拥有丰富的风能资源，但储能与调峰技术相对落后，无法有效平滑风电出力的波动。同时在实施过程中，“项目配储”相关规定限制了储能规模化优势与电源侧多元化优势的充分发挥，即使产生了电能，却因为调峰与储能环节的问题无法被有效利用，形成严重浪费，导致“弃风限电”现象的产生。

第二节　用户端能源储备

一、用户侧储能相关政策

在电力系统框架下，我国储能应用场景可划分为发电侧、输配电侧及用户侧储能三大类，而用户侧储能，顾名思义是将储能装置安装于用户方的技术，通常用于家庭、商业以及工业设施用电。在用户侧储能方面，政策大多关注电价和灵活性等方面，希望用户侧储能能更为积极地响应电力需求。2023 年 6 月，广东省发展和改革委员会、广东省能源局印发《广东省促进新型储能电站发展若干措施的通知》，其中提到要“按照因地制宜、灵活多样的原则支持工商业企业、产业园区等配建新型储能电站”，旨在大力鼓励用户侧储能发展；还提到了“用户侧储能项目使用产品经认定符合先进优质产品标准规范的，其储能设施用电量单独计量，电价参照全省蓄冷电价政策执行”，为用户侧储能打造良好的发展空间。2024 年 1 月，国家发展和改革委员会和国家能源局发布的《关于加强电网调峰储能和智能化调度能力建设的指导意见》也明确提到了“围绕大数据中心、5G 基站、工业园区等终端用户，依托源网荷储一体化模式合理配置用户侧储能，提升用户供电可靠性和分布式新能源就地消纳能力”，可见，用户侧储能灵活性的提升是现代电力系统高效运行的关键因素。

二、用户侧储能的主要场景

用户侧储能相比于其他两种应用场景，曾经长期处于“小透明”状态。现在，随着越来越多的用户和小商户关注储能，尤其是对供电电能质量要求高和用电量大的电力用户，例如精密设备制造、通信及算力行业，对储能设备的需求越来越大。在医疗领域，储能技术应用也有着极高的价值，由于用电负荷存在波动性，许多医疗设备如呼吸机、心电监护仪等都需要持续稳定的电力供应，否则会严重危害患者的生命安全，而储能可以作为紧急备用电源为医院提供可靠的电力支持，在手术或急救过程中提供稳定供应，确保医疗服务的连续性。除此以外，储能技术还可以在停电的时候保证医疗信息系统和数据存储设备能够正常运行，避免重要的医疗数据丢失。

除了上述层面应用，用户侧储能技术能够有效解决偏远山区居民用电问题。偏远山区地形复杂，电网建设成本高，难以进行全面的电网系统改造，导致供电可靠性不足。如今，光伏发电储能技术“微电网”为偏远山区提供稳定、绿色的电力供应，为农家乐、露营基地等乡村振兴项目打通致富之路。2024 年的春节假期，全国乡村用电量大幅增多，而微电网让电压始终保持在一个合理范围内，解决了低电压问题，大大提升供电质量。

三、用户侧储能的技术创新与发展趋势

随着能源系统向低碳化、智能化方向转型，用户侧储能技术正处于快速迭代阶段。技术创新不仅成为突破现有应用瓶颈的关键驱动力，亦为未来能源系统的供需平衡与灵活调节提供了新的可能性。但在安全性方面，储能设备中的电池在充放电过程中可能存在热失控、起火甚至爆炸等风险。尤其是在锂离子电池中，由于其化学特性，当电池内部短路、过充过放或温度过高时，容易引发一系列安全问题。因此，对储能系统的热管理、电气安全以及消防防护等方面的评估至关重要。

新型储能材料，如固态电池、钠离子电池等，因其高能量密度、长循环寿命及安全性优势，正逐步向商业化应用迈进。研究表明，固态电解质材料能够有效降低热失控的风险，延长电化学储能的时间。另外，在数字工厂的应用中，通过构建包含光伏出力、负荷特性与储能状态的数字镜像模型，利用智能算法，根据用户的用电习惯、实时电价以及电网状态等信息，结合强化学习算法进行动态优化，可大幅缩短分布式储能的调度响应时间。

随着分布式光伏发电、风力发电等可再生能源在用户侧的广泛应用，储能系统作为能量缓冲与调节装置，其重要性日益凸显。用户侧储能与分布式能源系统深度融合，将成为新型能源的发展趋势。用户侧储能与分布式能源发电、用电设备以及电网共同构成一个有机的微能源网系统，实时平衡能源供

需，进而提高分布式能源的消纳能力。同时，随着5G通信技术、物联网技术的普及，用户侧储能系统将通过与电网的双向互动，参与电力市场的辅助服务，如调频、调峰等，推动能源利用模式向更加清洁、高效、经济的方向转变。

四、用户侧储能的实际运用

用户侧储能的优势是在需要的时候能提供稳定的电力供应，可以用来平衡电费，利用峰谷电价差，在谷期和平期充电，在峰期和尖峰期放电，从而降低企业用电成本。

目前，较为流行的用户侧储能有多种应用场景。例如：分布式光伏/风电配储能——目前最为普遍的应用模式，大多用于工商业储能；微电网——脱离国家电网的独立电力系统，适用于偏远山区，可为边防的战士们提供温暖；大数据中心——最大限度满足算力系统运行；轨道交通——有轨电车采用“超级电容+钛酸锂电池”，能够满足车辆能源补给平衡，确保车辆不间断运行；汽车充电桩——日常生活中人们最熟悉的储能装置，可以安装在各种场所，包括住宅区、购物中心、公共停车场、高速公路服务区等，用户可以根据自己的需要在不同的地点找到合适的充电设施，大大减轻了电网压力。

2024年6月，阳光电源股份有限公司因在华能龙腾特钢用户侧储能项目上的杰出表现，被选为2024年“双碳”产业创新的优秀案例。该项目规模为20兆瓦/40兆瓦时，旨在优化能源使用，提升能效，并支撑“双碳”目标的实现，即碳达峰与碳中和。该项目作为中国华能的首个大型用户侧储能项目，率先实现“光伏 + 储能 + 售电”一体化建设模式，为其他电力公司开发用户侧储能装置提供优秀案例。

此外，2024 年 11 月北京市人民政府发布的《北京市新型储能产业发展实施方案（2024—2027 年）征求意见稿》，也大力鼓励制造业企业在厂区或所在园区内配置新型储能设施，拓展新型储能多元化应用场景，提升产业链上下游协同发展水平，增强自身综合竞争力。

第三节　水电与火电领域的储能需求是什么

一、火电与水电的原理及特点

火力发电是全球应用最广泛的传统发电技术，其核心原理在于通过燃烧化石燃料（煤炭、石油、天然气等）释放热能，再通过蒸汽轮机或燃气轮机等设备将热能转化为机械能，最终驱动发电机产生电能。作为主流电力生产方式，火力发电至今仍占全球发电量的 60% 以上。它的历史可以追溯到 19 世纪末期，如今的火力发电站的效率已经达到较高的水平，满足大部分电力资源需求。

当然，火力发电的缺点也很明显，除了会产生大量的污染物，火电消耗的都是不可再生能源，随着时间的不断推移，吃地球“老本”越来越难，因此需要储存具有稳定输出电力的火电。由于火力发电站的运行通常被限制在全负荷或部分负荷状态，储能技术可以帮助火力发电站在低负荷状态下运行，囤积电量，从而在高峰期提供更加稳定的电力供应。这种调节负荷的能力使得火力发电站更加灵活，能够适应各种能源需求。

水力发电是继火力发电后第二大发电方式，具有发电成本低、对环境污染小、操作灵活等优势，但其发电存在间歇性，受气候变化和水循环特性的影响较大。在水流量不足的情况下，水电站发电量会下降，给电力系统带来压力。由于河流有汛期和枯水期，汛期湍急的水流冲击水轮机时可能会损坏水轮机及其设备，增加水电站的维护成本，而枯水期对水力发电的影响更大。以四川为例，正常情况下，“夏丰冬枯”是水电的特性，而 2022 年由于受到高温天气的影响，四川各地区来水严重偏枯，多个水库水位达到死水位，电力系统面临严峻的压力。为了保障民生用电，电力部门只能依靠火力发电“全力输出”，并向其他省寻求支援。因此，水电储能对于类似四川这种水电大省极其重要，四川大部分水电站都是径流式水电站，具有年调节能力的不足 15%，无法将汛期的水流储存起来备用，而抽水蓄能电站能够在发电站低负荷运转时储水，在用电高峰期放水，有效优化能源结构，提升电力供应韧性。

二、火电和水电相关行业政策

由于煤炭、石油、天然气属于不可再生能源，且火力发电会带来较大的污染，因此近年来有关火电的相关政策都是以促进火电行业的清洁生产和可持续发展为主，这些政策主要涉及火电机组的改造、能效和灵活性标准的提升以及电力市场的建设。2022 年 2 月，国家发展和改革委员会和国家能源局发布《关于完善能源绿色低碳转型体制机制和政策措施的意见》，强调“支持利用退役火电机组的既有厂址和相关设施建设新型储能设施或改造同步调相机”。2023 年 8 月，国家能源局发布《关于加强电力可靠性数据治理 深化可靠性数据应用发展的通知》，提到要“探索火电机组基于灵活性运行常态化的可靠性管理机制”。2023 年 10 月，国务院发布《关于推动内蒙古高质量发展奋力书写中国式现代化新篇章的意见》，指出要“推广零排放重型货车，在煤炭矿区、物流园区和钢铁、火电等领域培育一批清洁运输工业”。由此可见，火电作为当前技术最为成熟、全球应用最为广泛的能源，肩负着新时代能源转型重担，需要持续推进清洁化、灵活化、高效化。

水电和火电一样，也是当今时代最重要的传统能源之一。2021 年 10 月，国务院发布《2030 年碳达峰行动方案》，强调要“因地制宜开发水电，统筹水电开发和生态保护，探索建立水能资源开发生态保护补偿机制”。2022 年 5 月，国务院《关于印发扎实稳住经济一揽子政策措施的通知》指出，要“积极稳妥推进金沙江龙盘等水电项目前期研究论证和设计优化工作”。由此不难看出，水电政策发展具有地域性特点。此外，由于水力发电有间歇性的特点，水电储能也备受关注。国家能源局在 2021 年 9 月发布《抽水蓄能中长期发展规划（2021—2035）》，提出“因地制宜开展中小型抽水蓄能建设，探索推进水电梯级融合改造”。可以看出，随着全球对低碳能源系统的需求日益增长，水电储能的价值将进一步凸显。

三、火电与水电发展现状

火电是保障我国电力供应安全的主力电源。中华人民共和国成立初期，电力工业基础薄弱，火电厂建设主要依靠苏联技术援助和设备引进。1956 年，安徽淮南电厂成功投运首套国产 6000 千瓦燃煤发电机组，这是我国自主制造火力发电设备的历史性突破。随着科技的发展，国产火电机组的容量不断提高，成为我国发电的主力军。然而，火力发电的缺点也随着火力发电容量的提升而逐渐显露出来，耗能高、环境污染大等问题促使火电机组在建设过程中持续优化自身结构，向清洁能源方向转型。当前，火电面临的问题依旧是如何在节能减排承诺下保障电力供应，国能宁夏灵武发电有限公司开展的首批飞轮储能 + 火电联合调频示范建设就是一个很好的示范。该项目根据能源结构进行调整，利用新型飞轮储能技术，在机组 25 年的寿命周期内可以实现 1000 万次以上的储放电，显著提高火电机组调频能力，维护大电网安全。

我国河流众多，水资源总量十分丰富，长江、黄河、珠江等主要水系为中国开发利用水能资源提供了得天独厚的条件。根据《水电发展“十三五”规划》，我国可开发水能资源装机容量约 6.6 亿千瓦，年发电量约 30 000 亿千瓦时，按利用 100 年计算，相当于 1000 亿吨标煤。自 2012 年以来，我国水电装机容量总体呈现上升趋势，截至 2022 年年末，我国水电累计装机容量已超过 4 万千瓦，拥有著名的三峡电站、向家坝电站、赛里木湖电站等大型水电站，为工业和城市提供了大量的电力。

不过，近年来，气候影响水力发电较为严重，2023 年全年降水量大幅减少，我国水力发电量累计值为 11 408.9 亿千瓦时，期末总额比上年累计下降 5.6%。因此，抽水蓄能在水电供应中发挥的作用尤其重要。目前，我国抽水蓄能技术成熟，拥有容量大、可靠性高等优势，已建成湖南黑麋峰抽水蓄能电站、深圳抽水蓄能电站、阳江抽水蓄能电站等大型抽水蓄能电站。当前，国家正聚焦于中小型抽水蓄能电站的建设，可以更容易地在不同地理位置实施，包括山区、丘陵等地形复杂的区域，扩大了抽水蓄能技术的应用范围，有利于提高水电储能的灵活性。

四、火电与水电的储能需求

在我国的电力生产结构中，火力发电与水力发电占据主导地位，二者发电量在总发电量中占比颇高。因此，火电与水电的储能技术发展及应用具有重大意义。

首先是火电储能。2024 年 11 月 6 日，工业和信息化部发布《公开征求对新型储能制造业高质量发展行动方案（征求意见稿）的意见》，其中提到，要积极鼓励火电合理配置新型储能，探索开展新型储能配合调峰等多场景应用，为火电灵活性改造提供了政策支持方向。火电机组原本为了保障效率，运行工况相对固定，但随着新能源发电占比提升，火力发电需要增加灵活性。火电灵活性提升主要通过扩大机组出力范围、增强负荷响应能力实现，核心在于优化锅炉燃烧控制、汽轮机调节系统及辅机协同运行技术，实现低负荷时稳定、清洁、高效运行，高负荷时储能系统迅速释放电能，为火电机组调整功率争取时间，快速稳定电网频率和电压。

除此以外，火力发电的高碳排放也是亟待解决的问题。国家能源集团河北公司龙山电厂建设的600兆瓦机组抽汽熔盐储能项目，是全国首个火电抽汽熔盐储能项目。该项目的多源抽汽–配汽调控技术，以熔融盐作为蓄热介质蓄能和释放能量，能够有效减少火电发电量，降低碳排放，推动能源结构的绿色转型。

我国水电资源分布不均，西南地区河流众多，丰水期水量猛增。以雅砻江流域为例，每年6—9月的丰水期，锦屏一级、二级水电站等众多梯级电站发电量剧增，但当地电力消纳能力有限，弃水现象频发。因此，将丰水期电能用于储存才能更好地应对电力需求时期。我国水资源丰富，在水电储能方面拥有巨大潜力，常规水电站可配套蓄能功能，以便于在枯水季发挥作用。同时，还可利用水电的优势开发水电站电解水制氢技术，将水分解为氢气和氧气。制备氢气的过程中能量转换效率能达到70%以上，能更有效地将水电的电能转化为氢气的化学能进行存储。相比于其他储存方式，氢气存储几乎不存在自放电现象，可以在高压储罐或地下洞穴等存储设施中稳定存储，在需要时可以随时提取使用，不会像电池那样因为自放电导致电量损失，可有效实现能源的跨季节、跨时段存储。

对于一些类似于三峡水电站的大型水电站而言，在丰水期可以利用其巨大的剩余电力进行大规模制氢，将大量的电能转化为氢气存储起来，满足电网对大规模储能的需求，为电网的稳定运行提供有力支撑。并且制氢过程只涉及氢气和氧气，无其他的污染气体产生，不会对环境造成影响。相比之下，传统的化石能源发电在燃烧过程中会排放大量的温室气体和污染物，严重损害自然环境。此外，氢气本身具有较高的能量密度，但在正常存储和使用条件下，只要遵循相关的安全规范和标准，就能够有效保障其安全性。与一些化学储能物质相比，如某些锂电池材料可能存在热失控、燃烧甚至爆炸等安全风险，氢气在合理的设计和管理下，发生安全事故的概率相对较低。

第四节　核电面临的储能关键是什么

一、核电行业相关政策

核能发电作为具备零碳排放特性的优质清洁能源，正通过其稳定高效的电力供应能力，在构建清洁低碳、安全高效的现代能源体系进程中发挥着不可替代的作用。“十四五”时期，国家出台了一系列核电相关政策，政策导向主要包括技术合作、安全生产、完善法律法规、数字化转型、国际合作等方面。2021 年 10 月，国务院发布《2030 年前碳达峰行动方案》，强调要“合理确定核电站布局和开发时序，在确保安全的前提下有序发展核电”；2022 年 3 月，在《2022 年能源工作指导意见》中，指出要“抓好核电科技重大专项和《核电技术提升行动计划》，加快推进小型堆技术研发示范”；在2023年的《能源工作指导意见》中，也强调了“要继续抓核电重大事项，并推进核电数字化转型发展”。由此可见，我国近几年来的核电政策大多聚焦于持续推进核电重点专项建设，并开拓中小型核电站赛道。

二、核电面临的储能关键

核动力发电技术将原子核内部储存的巨大能量转化为电能，其单位质量燃料释放的能量相当于同等质量煤炭的270万倍。核能分为裂变能和聚变能，前者是重原子核分裂成两个或多个轻原子核，后者则是轻原子核融合成为重原子核。目前，商业运转中的核能发电厂主要利用核裂变反应来发电。截至2024年年底，我国大陆并网运行的核电机组58台，总装机容量6088万千瓦。核能不仅是清洁能源，且相比于风能、水能和太阳能，核能受到天气和地形的影响较小，能够在绝大多数情况下进行可靠的电力供应，与间歇性可再生能源形成了互补的关系。因此，核电储能可以平衡能源供需不平衡的情况，减少对其他储能系统的依赖。在《“十四五”新型储能发展实施方案》中，核能也迎来新的挑战和机遇。在油价被西方国家“掌控”的时候，核电储能的发展能够降低对国外能源的依存度，使国家可以更加自主地掌控能源供应，减少外部因素对国家能源安全的影响。

那么，核能发电为何也需要储能呢？这是因为，在一些具体应用场景中，需要爆发式放电，核电虽然发电非常稳定，但也无法承受爆发式放电带来的冲击，核电站一旦出现事故，则容易造成严重的灾难。因此，在一些核能发电的场景中，也配置储能设备。

从技术角度来看，目前适用于核电的储能技术有多种。第一种方式为抽水蓄能，它是较为成熟的大规模储能方式。在有合适地理条件的核电站周边，可建设抽水蓄能电站。例如，辽宁红沿河核电基地的智慧能源体系，通过构建核电与抽水蓄能电站联合优化调度系统，成功实现了电力调峰与海水淡化的协同运行，实现核能—抽蓄“黑启动”能力，系统响应时间缩短至 15 分钟，有效起到了削峰填谷的作用，保障了区域电力供应的稳定性，为核电储能提供有益借鉴。

此外，还可以利用熔盐储热技术来提高核电储能效率，通过将核反应堆产生的余热或过剩电能转化为高温熔盐的热能进行存储。在核电站运行时，熔盐通过主回路吸收反应堆的余热，或通过电加热装置储存过剩电能，将热能蓄积在高温熔盐罐中；当电网需求增加时，储存的高温熔盐通过换热系统将热能传递至二次回路，驱动蒸汽轮机发电，实现能量时空转移。熔岩储热技术已在多个核电站应用，如江苏田湾核电站，熔盐储热单元与质子交换膜（PEM）电解槽联动，通过“谷电制氢—峰电掺氢发电”模式，每年可消纳 4 亿千瓦时富余核电，制氢成本降至 18 元 / 千克，较可再生能源制氢更具经济性。钍基熔盐堆等四代技术也在逐渐成熟，由于钍在地球上的储量更为丰富，分布也更为广泛，这使得在大规模应用该技术时的原料获取难度大幅降低。用钍作为燃料来代替相对昂贵的铀，从源头上保障了核电储能长期稳定发展的燃料供应。其独特的运行特性使得反应堆在运行过程中能更高效地将核能转化为电能，提升了能源转化效率，进而使得储能环节可储存的电量更多，从产出端为降低单位储能成本提供了有力支撑。

三、核电储能的运用案例

美国福特号核动力航母也是一个典型的应用场景。航母上的电磁弹射战斗机时，需要瞬间释放强大电能，即使有核动力发电，也达不到电磁弹射所需的能量密度，因此配置专门的储能设备，由核电充电，以便具备弹射飞机时瞬时释放能量的功能。

核电作为低碳能源，其独特价值在能源革命进程中持续凸显。核电的持续发展不仅有助于降低电力行业的碳排放，而且能够提供稳定可靠的电力供应，增强能源系统的韧性。在“双碳”背景下，核电储能的创新实践正在全球范围内加速落地，通过技术耦合与场景拓展，形成覆盖电力调峰、工业供能、城市服务等多维度的应用体系。山东威海打造的 200 兆瓦 / 400 兆瓦时共享储能项目是核电储能运用的成功典范之一。该项目采用磷酸铁锂电池与液流电池混合技术，通过智能调度系统与海阳核电站、荣成高温气冷堆形成“核—储—网”联动机制，在用电低谷期将核电站产生的多余电量高效存储于锂电池中，在用电高峰时释放电能。这一项目也是胶东地区单体装机规模最大的新型共享储能电站，为地区灵活用电提供了有力支撑。

此外，科技的飞速发展使得核能电池逐渐进入大众视野，成为继锂电池、氢电池以来又一新型能源电池。核能电池的寿命与放射性核素的半衰期密切相关，是一种“长寿”的能源电池，并且其体积小，能量大，无须频繁充电，能够在多领域发挥独特优势。在航空航天领域，核能电池能够为航天器提供持久稳定的电力支持，减少因能源补给困难带来的限制，助力深空探测任务的开展。在计算机领域，尤其是一些对续航要求极高的特殊计算机设备，核能电池可实现长时间不间断运行，保障数据处理的连续性。在医疗器械方面，如心脏起搏器等植入式医疗设备，核能电池凭借超长的使用寿命，减少了患者频繁更换电池的痛苦和风险，提高了设备的可靠性和安全性。相信在不久的将来，核能电池将会成为能源领域的春天。

第二部分

常见的智慧储能场景

在碳达峰的大背景下，如今世界各国越来越重视智慧储能。人们正在从宏观到微观，从技术路径到实际需求，综合考虑不同储能场景的构建，以及如何用最低的成本、最小的代价、最安全的方式，助力智慧储能目标的实现。

第三章

大型清洁能源基地

第一节　大型风电和光伏基地有哪些

一、大型风电基地

作为“十四五”期间推动新能源高质量发展的重要抓手，我国大型风电基地的建设规模不断扩大，广泛分布于多地，其中内蒙古、新疆、江苏、河北、甘肃和山东等地是主要的风力发电区域。以内蒙古为例，其风能、太阳能资源富集，风能资源占全国一半以上。权威数据显示，2024 年，全区规模以上工业新能源发电量 1969.0 亿千瓦时，较上年增长 27.9%，高于全国发电量增速 18.8 个百分点。其中，风力发电量 1643.0 亿千瓦时，增长 26.0%。此外，作为风电大省的内蒙古以多元化场景应用为牵引，风电制绿氢，储电变储氢，带来大量新增用电负荷，推动重点产业用能高比例绿电替代。

在大型风电基地中，储能技术的应用越来越广泛。目前，常见的储能技术包括电化学储能、抽水蓄能、压缩空气储能等。其中，电化学储能因响应速度快、效率高、灵活性好等优点，在风电储能领域得到了广泛应用。

比如，华能北方上都百万千瓦风电基地创新采用全容量 4 兆瓦级以上风电机组，配套全球首套单机功率最大的 35 千伏高压直挂式电化学储能装置。该储能系统依托自主研发的精细化分散控制技术，实现 90% 以上的充放电效率和毫秒级响应速度，可独立接受电网实时调控指令。它通过火电机组协同控制技术，构建风火协同优化运行体系，将电网频率波动控制在一定范围内的同时提升风电消纳能力。作为国家能源局“源网荷储一体化”示范项目，该系统成功突破大规模储能技术瓶颈，为新型电力系统建设提供了可参考的技术方案。在项目全容量并网后，它每年能够为京津唐地区输送清洁电力 52.35 亿千瓦时，相当于减排二氧化碳约 314 万吨，拉动节能减排的新引擎，进一步推进能源转型升级。

除了内蒙古，越来越多的南方地区也开始利用储能技术进行风电储能。2023 年 12 月 27 日，广东阳江海上风电储能科技示范项目——峡安储能站正式并网投产，这是南方区域首个、全国最大的海风 + 独立储能配套项目。相比于常规风电，海上风速往往风速较高，且处于静风期的时间更少，有更长的发电周期。但海上风电具有较为明显的反调峰特性，建设成本相对而言更高，更加不稳定。对于上述情况，峡安储能站采用户外集装箱布置方案，通过将储能系统划分为多个独立的集装箱模块，每个模块内部集成电池组、电力转换设备、控制系统等，实现结构的紧凑与重量的优化，降低运输、安装及维护成本。在储能技术方面，峡安储能站运用高压级联技术将多个电池模块串联起来，减少电池内部的损耗和转换过程中的能量损失，突破行业内不同新旧电池混用的瓶颈问题，大大减少电池浪费，从而显著降低后期运维成本。同时，模块化设计使得故障排查和维修更加便捷高效，减少停机时间和损失。

二、大型光伏基地

光伏发电与风力发电类似，都属于能源转型和低碳发展的重要组成部分。国际能源署发布的《2023 全球可再生能源展望》数据显示，2023 年全球可再生能源装机容量突破 507 吉瓦，其中太阳能光伏占据主导地位，成为增速最快的可再生能源形式。在 2023 年全国电力工业统计数据中，我国太阳能发电装机容量约为 6.1 亿千瓦，同比增长 55.2%。如今，以沙漠、戈壁、荒漠地区为主体的大型风光基地建设已成为国家能源战略的核心方向。在“十四五”规划中，风光基地建设应依托广袤未利用土地资源和年均日照超过 3000 小时的太阳能富集优势，规划建设 4.55 亿千瓦大型风光基地，总规模相当于 20 座三峡水电站装机容量。

我国拥有众多大型光伏基地，如新疆中绿电乌鲁木齐米东区 350 万千瓦光伏项目，占地面积约为 20 万亩（1 亩 = 666.7 平方米），是全国单体容量最大的沙漠光伏项目。该项目年可利用小时数达 1740 小时，预计年发电量 60.9 亿千瓦时，相当于 300 万户家庭一年的用电量。青海省的塔拉滩光伏园区作为全球发电规模最大的光伏电站群，通过“板上发电、板下治理”的模式，有效遏制了风沙危害。除此以外，西北各省份及我国东部地区均建有大型光伏基地，储能技术也广泛应用于我国各大光伏基地中。安徽交控集团在全省16个高速服务区建成投运首批光储充一体化示范超充站，采用光伏+储能+充电多能互补系统，配置高效晶硅光伏组件与智能储能装置，年均发电量可达13.01万千瓦时，节约标煤41.5吨，实现年碳减排量超百吨，节能减排效果十分显著。洛浦县40万千瓦光伏发电项目于2023年12月11日正式并网发电，在储能设备方面，选用40个2.5兆瓦变流升压集装箱，80个容量为5兆瓦时的储能集装箱，利用电化学储能技术，极大地缓解了当地的供电压力，为生态环境保护贡献了巨大力量。四川省雅江县红星“1+N”项目是四川省目前最大的“光伏+储能”光伏电站，采用“高吸低放”的方式，在发电低谷时段释放储能，缓解系统调峰、调频压力，能够全面提高光伏电站上网电能质量，2023年平均发电量约9.17亿千瓦时，相当于每年可节约标准煤超27万吨，减排二氧化碳超76万吨。

三、风光联储一体化项目

相比于风力、太阳能单独发电，风光联储项目更受到人们的青睐。因为风能和光能在时间分布上具有互补性，如夜晚风能可能更强，白天则光照充足，而风光联储系统能够利用互补特性来提高能源利用功率。《“十四五”可再生能源发展规划》提出，在风能和太阳能资源禀赋较好、建设条件优越、具备持续规模化开发条件的地区，着力提升新能源就地消纳和外送能力。风光储一体化系统可控制系统将风能和光能转化为电能，并通过储能电池进行储存，以供后续使用。

目前，大多数风光储项目都建设在北方地区。例如2011年河北省张北县大河乡投运的张北“风光储”示范工程，是世界上最大规模集风光发电、储能和输电于一体的新能源示范电站项目，初期建设规模为风电9.8兆瓦、光伏发电4兆瓦、储能2兆瓦，在之后的发展中逐渐扩大至风电400兆瓦、光伏发电60兆瓦、储能50兆瓦。在技术方面，张北“风光储”示范工程应用磷酸铁锂电池、钛酸锂电池、全钒液流电池、铅炭电池、超级电容器等多种电池储能技术，实现多时间尺度的出力平滑，弥补风力和太阳能不稳定的缺陷，保证电源输出的稳定。甘肃省瓜州北大桥“风光储”一体化项目于2022年投产，由“风电201兆瓦+光伏50兆瓦+储能10兆瓦/20兆瓦时”三部分组成，可在每年实现风力发电4.89亿千瓦时的基础上，新增年平均9502.5万千瓦时的光伏发电量，并通过储能系统降低弃风弃光电量，减少污染物排放，实现风电分布式就近开发。

除风光储一体化项目外，国家发展和改革委员会和国家能源局于2020年组织起草《关于开展“风光水火储一体化”“源网荷储一体化”的指导意见（征求意见稿）》，旨在实现各种能源储能一体化，因地制宜整合风能、太阳能、水能、煤炭等多能源品种发电，实现互相补充，推进供给侧结构性改革，增大电源侧调节的灵活性。广东省“十四五”重点项目——华能粤东“风光水火储一体化”综合能源基地于2022年12月26日开建，该项目总装机超2000万千瓦，能够充分利用火电、水电、风电及光伏发电的各自优势，运用电化学储能技术实现总体效益最优，有效发挥汕头新能源富集的优势。

第二节　海上风电开发汇集基地

一、我国大型海上风电基地

海上风电基地是指位于海域内，专门用于开发和运营海上风电项目的综合性区域。我国是海洋大国，拥有1.8万千米大陆岸线、1.4万千米岛屿岸线及300万平方千米的主张管辖海域，海上风电发展潜力巨大。根据《“十四五”可再生能源发展规划》，我国在山东半岛、长三角、闽南、粤东、北部湾五大沿海区域实施海上风电集群化开发战略，重点推进百万千瓦级项目规模化集中开发。在深远海开发领域，我国统筹推进深远海风电规划布局，构建“海域使用、生态保护、电网接入”协同管理体系，开展漂浮式基础、柔性直流输电等关键技术研发攻关，推动深远海海上风电技术的创新与应用，实现跨越式发展。我国海上风电功率从3兆瓦起步，经过15年的不断努力，现已达到18兆瓦。截至2024年第三季度，我国海上风电累计建成并网3910万千瓦，稳居全球第一位，形成了从开发设计、生产制造到施工建设、运维管理等较为完整的海上风电技术链、产业链，漂浮式风机柔性直流换流平台等技术也得到了广泛应用。

目前，我国已建成五大千万千瓦级海上风电基地。首先是山东半岛海上风电基地。山东是中国能源消耗大省，每年煤电消费占能源消费比重居全国前列，绿色能源已成为山东实现能源转型的重要突破口。山东海上风电基地规划一共有渤中基地、半岛北基地、半岛南基地3个基地，共计41个风电场，总装机规模达3500万千瓦，预计在2025年开工建设达到1200万千瓦，建成并网达到800万千瓦。第二是长三角海上风电基地，作为中国经济最为活跃的地区之一，长三角也在积极推动能源转型。截至2023年11月底，江苏海上风电装机规模超过1100万千瓦，占全国海上风电总装机的37%以上，位居全国第一。第三是闽南海上风电基地。2024年4月11日，福建省发展和改革委员会发布《关于公示可再生能源发展试点示范项目的通知》，其中提到要建设连江外海海上风电场、漳浦六鳌海上风电场二期项目和闽南海上风电基地B-2区项目，总装机容量达2.7吉瓦，采用10兆瓦级抗台风型海上风电机组。作为全国首个全海域立体开发示范省份，福建在省管海域布局将加快完成10.3吉瓦近海风电项目、4.8吉瓦深远海风电资源配置，重点突破漂浮式基础、大容量海上风机等核心技术。同步推进海上风电与储能融合发展，规划建设海上风电配套储能项目，通过多能互补系统提升电力送出稳定性，为构建"源网荷储一体化"新型电力系统提供实践范例。第四是粤东海上风电基地。《广东省海上风电发展规划（2017—2030年）（修编）》规划广东省海上风电场址23个，总装机容量6685万千瓦。2023年11月，粤东海域单体最大海上风电项目——华能勒门（二）60万千瓦海上风电项目建成投运，预计每年可提供清洁电能20亿千瓦时。最后是北部湾海上基地。目前，广西共规划9个海上风电场区，总规划装机容量达2350万千瓦。2024年1月28日，防城港海上风电示范项目首批机组成功并网发电，该项目为广西首个海上风电项目，实现了广西海上风电"零"的突破，可满足近500万户家庭基本用电。

二、海上风电基地储能项目

海上风电基地通常具备丰富的风能资源、良好的海洋环境、完善的基础设施和配套服务，以支持海上风电项目的规模化、集约化发展。相比于陆地风电基地，海上风电基地风速高，风向稳定，并且对生态环境影响较小。但海上风电具有反调峰特性，且维护和运营的风险较高。2020 年 1 月 20 日，国务院发布《关于促进非水可再生能源发电健康发展的若干意见》，对国家海上补贴政策进行了调整。储能技术的运用对于海上风电节省发电成本、提高发电效率而言尤为重要。

目前，我国各省市已发布多个海上风电储能项目方案。如福建省发布《关于加快推动锂电新能源新材料产业高质量发展的实施意见》，将配储纳入海上风电竞配内容，探索推动新建的可再生能源发电项目与储能设施同步建成、同步并网。山东省发布《山东省新型储能工程发展行动方案》，提出要打造“储能 + 海上新能源”应用带，到 2025 年实现新型储能项目 100 万千瓦的目标。

除了上文提到的峡安储电站，各地也积极响应政策，建设海上风电储能项目。国家能源集团东台海上风电有限责任公司建设的国华东台竹根沙 H1# 海上风电场工程，坐落于江苏省竹根沙海域，作为全国首个海上风电配套储能示范项目，其设计容量达到了 10 兆瓦 /20 兆瓦时，创新性采用远景动力磷酸铁锂电芯技术与 1500 伏远景智慧储能系统。远景储能系统具有高等级的防护和防腐功能，有力保证了储能系统在海边高潮湿、高盐雾环境中正常运行。此外，该项目配备了 EnOS™ 智能物联网系统，收集用户用电数据，从而制订不同场景的个性化储能方案，满足功率平滑输出、削峰填谷等需求，优化电场收益。山东能源集团于2023年11月17日首次启动新能源基地160万千瓦海上风电+200兆瓦时储能项目，该项目为山东省2023年度新型储能库优选项目，能够达到毫秒级响应速度，有利于促进新能源消纳，提高电力系统稳定性。

相比国内，国外一些国家的海上风电储能技术更为成熟。如丹麦和德国联合打造能源岛，其能够汇集岛上及周边所有风电场的电力，对这些电能实现就地消纳和储存，当缺乏风能而无法发电时，互相连接的电网允许接入该电网的各个国家或单位进行电力交易。欧洲风能协会发布的报告《我们的能源，我们的未来》，提出到2050年欧洲海上风电装机容量要达到450吉瓦。

相信在不久的将来，“能源岛”会成为北海地区电力传达的支柱。虽然“十四五”规划也提到要推进海上能源岛建设示范，但想要达到国外能源岛水平，我们仍有很长的路要走。

第三节　核电站调峰调频

一、核电中的调峰运行策略

调峰和调频在电力系统中有着不可替代的作用性，两者都旨在平衡电网的负荷需求和发电能力，确保电力供应的稳定性和可靠性，在核电站中亦是如此。调峰是指发电部门根据电网负荷的变化，调整发电机的出力以满足用电需求的过程。随着核电在新能源运用中越来越普遍，在新型电力系统构建背景下，核电参与电网调峰技术路径及影响已成为能源领域研究热点。调峰主要用于两种途径，一种是基础调峰，用于恶劣天气及电网故障等情况，发电系统会根据电网调度指令，进行降功率或停机操作。另一种是有偿调峰，顾名思义，发电系统根据市场价格信号进行调峰，以获得额外的经济收益。

目前，世界核电站发电主流模式是压水反应堆式核能电站，全球核电站应用比例已超过 85%。压水反应堆依靠反应堆内使用的硼酸溶液浓度的增减进行调峰，并在压水反应堆中添加控制棒来应对更为复杂的需求情况。相比于国内，国外更早利用核电机组进行调峰。早在20世纪70年代，美国、德国、法国、日本等核电发达国家率先开展压水堆（PWR）、沸水堆（BWR）及先进热中子堆（ATR）等主流堆型的负荷跟踪技术验证试验及商业化运行实践，通过优化控制棒驱动系统与蒸汽发生器动态调节技术，验证了压水堆机组在日负荷跟踪模式下的运行可靠性与技术可行性。

我国核机组大多集中于东部或南部沿海发达地区，核电装机容量所占比重较小。在电力系统峰谷差持续扩大的背景下，我国电网调峰压力显著加剧，国内科研机构与电力企业开始围绕核电参与灵活调峰展开可行性研究。研究发现，核电机组参与电网调峰存在两种技术路径：其一为独立日负荷跟踪模式，通过优化控制策略，实现“12–3–63”的核电机组追踪模式，在保障核电机组安全运行的同时缩短反应时间；其二是与风能、水能等清洁能源联合运行进行调峰，这需解决更多问题，包括系统负荷预测精度提升、旋转备用容量配置优化、非线性出力特性补偿控制及机组启停次数与持续时间的优化组合。因此，根据实际测算数据优化电力资源生产结构，才能使核能与其他清洁能源相辅相成，减少发电成本，提高电力输送的灵活度，保证电力系统正常运行。

在硬件设施层面，我国 M310、CPR1000 等主流核电机组虽具备基础调峰能力，但在技术标准体系、操作规范及运行经验数据库建设等方面，与国际先进水平相比仍存在系统性差距。现行核电厂技术标准体系与法规框架下，尚未建立针对调峰运行能力的量化评估指标，机组调峰性能测试标准存在缺失。同时，运行人员调峰操作培训体系缺乏系统性设计，在快速负荷变化过程中的堆芯功率分布控制、主设备寿命损耗管理等关键领域，尚未形成成熟的技术方案和标准化操作流程，这些都给调峰运行的安全性与经济性带来潜在风险。目前，我国缺乏应对这类风险的技术型人才，如何充分运用核电进行调峰任重道远。从全球范围来看，美国、法国、俄罗斯、韩国等国家作为核电发展起步较早的国家，积累了极为丰富的核电调峰经验。其中，法国的核电事业尤为突出，其核电参与电网调峰的运行历程长达 30 余年。法国核电调峰具有很高的灵活性，如通过大修组合方式参与季节性调峰，平衡负荷需求等。日本核电发展也较为发达，但由于核电的安全性难以得到公众认可，日本核电仅在新年或极端天气时降功率运行。由此可见，核电调峰需与能源结构、调峰资源配置及市场化机制深度结合，优先通过储能、跨区输电等非核手段缓解压力，核电调峰应作为补充而非主力。

二、核电中的调频运行策略

频率是电网中交流电每秒钟完成周期性变化的次数，通常以赫兹（Hz）为单位，是电力系统中的一个重要参数。根据调节范围与响应特性的差异，电力系统频率调整可划分为一次调频与二次调频两大技术层级。一次调频作为频率稳定的首道防线，是指当系统频率偏离额定值时，发电机组通过调速系统的自动响应机制，在30秒内快速调节汽轮机调节阀开度，改变功率输出，实现频率偏差的快速补偿。当电网频率发生波动时，汽轮机的调速器感知到转速变化，迅速对调节阀的开度进行调整。若频率降低，调节阀开度增大，使进入汽轮机的蒸汽量增加，进而提升机组的输出功率。反之，若频率升高，调节阀开度减小，减少蒸汽量，降低机组输出功率。一次调频通过动态调节汽轮机进汽量，实现机组出力与电网负荷变化的实时匹配。不过，该控制策略基于有差调节原理，当机组静态特性曲线叠加后的综合出力与系统负荷需求存在偏差，即机组定值出力之和与电网负荷不一致时，仅依靠一次调频无法将频率恢复至额定值。且一次调频中的参数十分重要，不合适的参数设置会为反应堆带来安全隐患。目前，已有许多学者研究核电机组中的一次调频方式，但在实际的核电机组操作中仍未形成统一的方法。

二次调频通常在一次调频的基础上进行，当一次调频无法将频率调整到额定值范围时，二次调频发挥作用。运行人员通过监控系统获取电网频率信息，根据频率偏差情况，手动下达指令调整调速器，或者借助自动控制系统，按照预设的频率调节策略，精准地调整机组的出力。与一次调频相比，二次调频更加灵活，它可以根据电网的实际需求，对机组的功率进行更为细致的调整，实现对电网频率的精确控制。两种调频方式相辅相成，一次调频凭借其快速响应的特性，对电网频率的突发变化做出即时反应，初步稳定频率；二次调频则在一次调频的基础上，进一步精确调整频率，共同维持电网频率的稳定。在实际的核电运行场景中，如何优化一次调频与二次调频的衔接机制，是当前核电调频技术研究的重点方向之一。建立精确的数学模型，模拟不同工况下一次调频与二次调频的协同工作过程，能够为制定更合理的调频运行策略提供有力依据。

三、大型核电基地

近年来，我国核电发展势头十分迅猛。根据《中国核能发展报告（2024）》，我国商运核电机组数量达到 55 台，额定装机容量达到 5703 万千瓦，位列全球第三，仅次于美国、法国；核电发电量持续增长，2023 年达到 4333.71 亿千瓦时，位居全球第二；在建核电机组 26 台，总装机容量 3030 万千瓦，继续保持世界第一。

我国拥有多个标志性核电基地，例如位于浙江省嘉兴市海盐县的秦山核电基地，作为我国首座自主设计建造的压水堆核电站，历经 30 余年安全运行，已发展成为装机容量最大、堆型谱系最全、机组数量最多的核电基地。现有 9 台在运机组，总装机容量达 660 万瓦，年发电量突破 500 亿千瓦时，相当于减排二氧化碳 4000 万吨，等效造林面积 3.3 万公顷。它是我国核电机组数量最多、堆型品种最丰富、装机容量最大的核电基地，创造了连续安全运行 30 多年的纪录，被誉为“国之光荣”。深圳大鹏新区的大亚湾核电基地，是全球最大的轻水压水堆核电基地，也是改革开放的标志性工程。自 1994 年全面建成以来，大亚湾核电基地累计上网电量已近 10 000 亿千瓦时，是支撑粤港澳大湾区发展的重要电源。辽宁红沿河核电站于 2007 年开始建设，是东北地区第一座核电站，同时也是东北最大的电力能源投资项目，总装机容量达到了 671 千瓦。在并网发电后，它将优化辽宁地区的能源结构，促进节能减排，改善自然环境。相比于其他核电基地，红沿河核电站海水淡化技术应用成果显著，是中国自主创新成果最丰富、国产化率最高的核电工程。位于江苏省连云港市的田湾核电站，其邻近海域已有 6 台机组投入商业运行，累计安全发电超过 3700 亿千瓦时。作为长三角地区重要的清洁能源基地，田湾核电站发电量可满足超 1 亿户家庭 1.5 年的用电需求，等效减排二氧化碳量相当于 10.2 万公顷森林。福建省漳州核电基地是全球最大的“华龙一号”核电基地，规划建设 6 台百万千瓦级“华龙一号”核电机组，目前已有 4 台机组开工建设。漳州核电是我国首个“华龙一号”批量化建设项目，采用数字化孪生技术实现全生命周期管理，凝汽器抽真空试验等关键节点均通过智能化监测完成，设备国产化率突破 95%，被誉为我国核电的“国家名片”。在经过 168 小时满功率连续运行考核后，1 号机组于 2025 年 1 月 1 日正式投入商业运行，标志着我国核电取得重大进展。

四、储能技术在核电基地中的应用现状

与其他清洁能源基地相比，核电基地的安全风险相对较大，尤其是2011年日本福岛核泄漏事件，对全世界的核电建设都造成了不小的影响，许多国家的核电发展速度因为福岛事件而减缓了许多。即便如此，核能高效性、清洁性等特点仍凸显出其储能的必要性。

核电厂可与新型热电联产技术、制氢技术等相结合，在保持灵活电力输出能力的同时，拓展工业蒸汽供应、绿氢生产等多元化应用场景，实现从单一电力调节向热能和化工生产多能源储能转换。在实际应用中，已有一些核电基地积极探索储能技术的融合。例如法国的一些核电基地尝试引入大型电池储能系统。这些储能系统在核电输出功率出现短期波动时，能够迅速响应，吸收多余电量或者补充电力缺口，保障了区域电网的稳定性。通过这种方式，核电的输出更加平稳，减少了对电网的冲击，提高了核电在能源供应体系中的可靠性。如华龙一号等三代核电机组可与储能系统融合，构建协同调峰体系，参与负荷调节，显著提升区域电网供电可靠性。小堆由于其功率相对较小、灵活性较高的特点，与储能结合后，可以在分布式能源供应以及综合能源服务等方面进行拓展应用，独立满足一些偏远地区或者对能源供应稳定性要求较高的特定场所的电力需求。这种模式不仅能提高能源利用率，还能有效降低长距离带来的损耗和风险。中广核广西防城港核电站“核光风储”绿

色能源示范基地于 2023 年 11 月 8 日正式开工，标志着核能也能和其他清洁能源形成有机互补的状态。

总体而言，由于储能在核电中的建设难度系数大，在核电领域配套的储能应用相比于其他清洁能源较少。一方面，核电基地的特殊环境对储能设备的安全性和可靠性提出的要求较高。核电运行过程中产生的辐射、高温等因素，需要储能设备具备特殊的防护设计和材料选择，以确保其在复杂环境下长期稳定运行。另一方面，核电与储能系统的集成技术尚不成熟，如何实现两者之间高效、稳定的能量转换与控制，仍是亟待解决的技术难题。因此，应鼓励相关企业在核电储能方面进行创新，建立健全核电配套新型储能的开发、建设与应用标准体系，并完善核废料处理和处置体系，减少环境污染。

第四章

电网末端及偏远地区

第一节　关键电网节点

关键电网节点是电网的“枢纽”和“守门员”，连接着发电端、用电端和其他节点，确保电力流动顺畅，保障供电稳定。智慧储能系统在关键电网节点中的部署，能让电网更灵活、更可靠、更高效，帮助电网更好地应对供需波动和突发情况。

一、调峰调频

电网的频率是发电功率与负荷之间是否平衡的直接反映，当电网频率偏离了正常范围，电力设备的效率将受到影响，严重时甚至可能引发电力事故。为此，电网需要通过调峰和调频来维持平衡。调峰是指调节发电量以适应每天用电需求周期性变化。以四川省电价为例，该省的电价在中午和晚上最高，因为这两个时间段是居民用电的高峰（见图 4-1）。

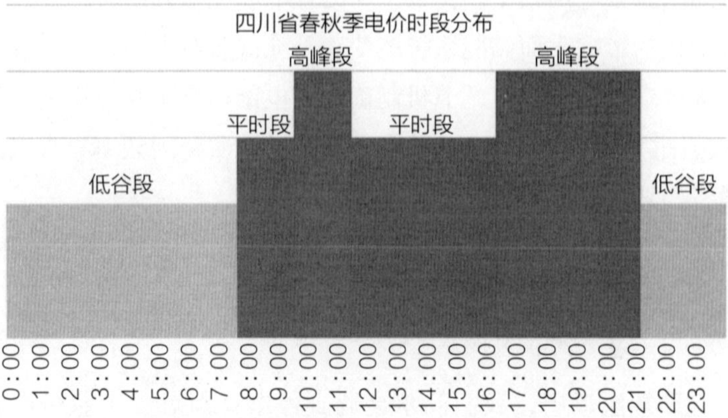

图 4-1　四川省春秋季电价时段分布图

我国的整体用电分布，东部多、西部少，白天多、夜间少，所以调峰是保证电网稳定的基本需求。通常有两次调频，当电网出现频率偏离标准值时，一次调频会启动发电机来调整功率，维持频率稳定；当需要人为干预时，二次调频将进一步精准调节发电功率，确保频率恢复正常。我国南方电网在储能领域的重要试点——深圳宝清电池储能站的运行结果表明，电池储能拥有快速响应能力，能够在小于 100 毫秒的时间内从待机状态启动并达到额定功率输出。

智慧储能系统在关键节点上的作用就像“节拍器”，可以精准调节功率和频率的波动，确保电网运行平稳。首先在调峰方面，储能系统可以在电力需求小于电力供给时储存多余电能，避免能源浪费。当电网进入用电高峰期，储能系统再释放电能，补充供电，减少电网压力，防止电网超载或电压不稳。其次在调频方面，储能系统的反应速度极快，可以在毫秒级的时间内调整电网频率。例如，风力发电和光伏发电容易受到天气变化的影响，而储能系统能快速补充或吸收电力，防止频率过度波动。这种快速调节机制确保了电网始终运行在稳定的频率范围内，从而保障电力的高质量输送，避免因频率异常造成设备损坏或供电中断。

二、负荷支撑

日常生活中，我们偶尔会遇到停电；但对于工业生产来说，停电可能意味着严重的经济损失。为提高电网的稳定性，储能系统可以在电网故障或供电紧张时，迅速释放电能，保障关键负载的运行，防止停电范围扩大。在现代电网中，关键节点通常位于城市核心区、工业园区等负荷密集地区，因此，如何保障这些关键区域的电力稳定成为电网调控的重要任务。

首先，在用电高峰时段，关键节点往往面临超负荷风险。如果电网负担过重，可能会导致设备过载、供电质量下降，甚至局部断电。智慧储能系统的负荷支撑功能正是解决这一问题的关键。它能够在电力需求较低时提前充电，在高峰期释放能量，缓解供电压力，延长设备寿命，防止过载导致的系统故障。其次，在突发故障或电力紧张时，储能系统还能作为备用电源，在电网出现波动时迅速介入，为关键节点提供稳定的能量支持，防止局部停电问题扩大到整个电网，相当于一个“安全垫”，确保电力供应的连续性。

那么，负荷支撑与调峰调频在智慧储能系统中发挥的作用有什么区别呢？负荷支撑的主要功能是在电力短缺或故障时提供备用电源，确保关键节点持续供电；而调峰调频的主要功能是削峰填谷，迅速处理电力输出，降低电网压力，维持电网稳定。如果将调峰看作储水池调节水量，把调频看作汽车的实时油门调节，负荷支撑则像应急备用电源，这种智慧化调控方式，使得电网更加灵活、稳定，也为未来能源体系的智能化升级奠定了坚实基础。

三、可再生能源消纳

近年来，我国大力发展新能源发电，然而，由于这些能源受天气影响较大，发电量往往无法和用电需求完全匹配，导致电力时常过剩或短缺。根据全国新能源消纳监测中心公布的数据，西藏地区的风力发电利用率仅有 78%，西藏、青海和新疆三地的光伏发电利用率不足 90%，青海省海南州清洁能源产业基地也出现光伏发电量大量被弃的现状。具体而言，每年至少有 40 亿千瓦时的光伏电量被弃，这意味着一定程度上的新能源浪费，即“弃风弃光”问题。而智慧储能的作用，就是在新能源波动与用户用电需求之间起到缓冲作用，提高新能源的利用率。风能和光伏发电的不稳定性，使得传统电网难以直接吸收大规模的可再生能源。而智慧储能通过在低需求时存储多余电能，在高需求时释放，让新能源发电更稳定地接入电网，从而减少浪费，保障供电可靠性。

在这一背景下，许多关键节点承担着新能源并网的重要任务，但如果直接将波动大的风能或光伏接入电网，可能会导致电压不稳、频率偏差，甚至影响整个电网安全。而储能系统能实时调整电网供需参数，减少新能源发电波动带来的冲击，提高当地风能、光伏能发电的新能源利用率。首先，电力存储系统可以消纳多余的电能，避免能源浪费，当风速降低、光照减弱，新能源发电减少时，储能系统则会释放之前存储的电能，填补供电缺口，确保电网稳定。其次，由于新能源发电的不确定性，电网可能会出现短时间的功率波动，而智慧储能可以实现毫秒级响应，快速充放电，平衡新能源发电与负荷之间的差异。例如青海省共和县的华褚储能电站作为全球海拔最高、规模最大的高压直挂储能系统，将转换效率从 85% 提高到了 91%，并且实现了 10 毫秒内快速响应，最大限度地利用了光伏发电。

除此之外，借助智能算法，储能系统可以提前预测新能源发电的趋势和用户负荷需求，并提前做好储能计划。如果预计未来某时段风光出力较低，系统可以提前释放部分储能，减少对火电等传统能源的依赖，从而优化电网调度，提高新能源的利用率。

四、电压和功率调节

电网的电压并不是一成不变的，它会受到用电量变化、输电距离、天气等多种因素的影响，电压过高可能会损坏电器，电压过低可能会导致供电不足，影响正常用电。因此在电力输送过程中，尤其是在长距离输电时，电压的稳定性对于电网安全至关重要。而关键节点作为电网的重要枢纽，更需要确保电压稳定，否则可能影响整个区域的供电质量。而智慧储能系统结合无功补偿与实时功率调节，可以有效平衡电压波动，保障电网稳定。

第一，在关键节点配置“储能系统 + 动态无功补偿设备”，可以在电压波动时迅速介入，帮助电网调整电压，保持供电稳定。在电力系统中，电流不仅用于提供实际能量，还需要分一部分电流来维持电压稳定，这部分电流即为无功功率。当电网负荷变化时，无功功率可能过多或不足，导致电压忽高忽低，因此需要一个能够快速调整无功功率、保障电压稳定的设备，也就是我们所说的动态无功设备。目前，最为先进的动态无功设备之一是 STATCOM（静止无功补偿器），能够在毫秒级时间内响应电压变化，精准地适应用电需求的快速变化，为电网提供更加智能化的无功调节能力。目前，已有研究显示 STATCOM 通过全控型功率器件可补偿电网所需无功功率，快速抑制电网电压波动，并有效改善电能质量，提高电压合格率。

第二，储能逆变器精准调控有功功率与无功功率，使关键节点适应不同的负荷变化需求。当负荷增加时，储能系统可释放电能，同时提供无功补偿，防止电压下降；当负荷减少时，储能系统可吸收多余电能，避免电压过高。对于有功功率，储能逆变器能够将电池存储的直流电转换成电网可用的交流电；对于无功功率，储能逆变器能够根据电网需求调整功率输出。总的来说，储能逆变器能够让储能系统更高效地运行，实现智能充放电管理，优化电力质量。目前，华为的 SUN2000 系列的逆变器均达到了 95% 以上的转换效率，其中 SUN2000-5KTL-M1 的转换效率高达 98.33%。

五、支持微电网与孤岛运行

前面我们提到，当出现因电网故障导致的停电时，负荷支撑可以使储能系统作为备用电源迅速介入，解决局部停电问题。但如果电网发生了大范围的故障，部分区域面临断电风险，而医院或数据中心等关键负荷点不能出现停电的状况，否则后果严重，这种情况又应该如何解决？这时智慧储能系统支持的微电网与孤岛运行就变得至关重要了，智慧储能系统可以让关键节点切换到“孤岛模式”运行，实现短时间的独立供电。见图 4–2。

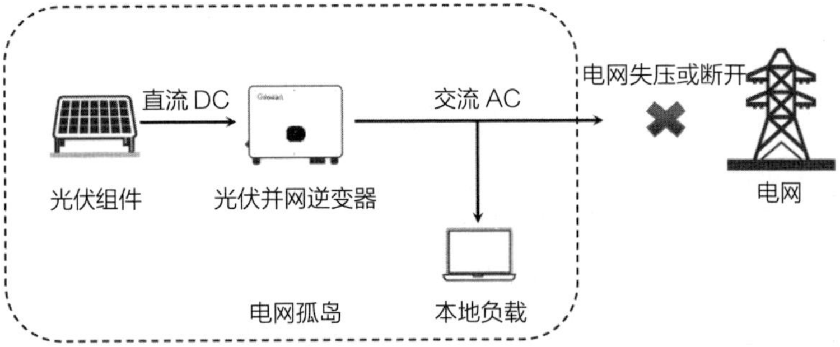

图 4–2　电网孤岛示意图

“孤岛模式”指的是某个区域的电网在失去与主电网连接的情况下，仍能独立运行一段时间，就像一个“离线供电系统”。在传统电网中，一旦主电网发生故障，所有连接的用户都会受到影响，可能导致大范围停电，而智慧储能系统能够在关键节点提供备用电源，自动检测电网状态，快速切换供电模式。一旦检测到主电网故障或计划性断电，系统就迅速切换至孤岛模式，避免供电中断。进一步地，在关键节点与微电网结合时，其可以形成局部自给自足的电力系统，结合光伏、风能等新能源发电，使区域具备独立运行的能力，“微电网＋储能系统”的组合，可以在孤岛模式下更长时间提供稳定供电，而不仅仅依赖外部电网。

一个工业园区如果配备大容量储能设备，就可以在主电网断电后继续运行几小时甚至更久，避免生产中断造成经济损失。通过孤岛模式＋微电网＋大容量储能，智慧储能系统让关键节点在面对电网故障、地震、海啸、雪灾等极端状况时，仍然能持续供电，保障用户的用电安全。

六、数据驱动与智能调度

随着电网向智能化方向发展，储能系统需要更加精准地调节充放电，确保电能供应与需求的最佳匹配。这一过程离不开人工智能和大数据分析，它们使储能系统更高效、更灵活地运行。传统电网中的关键节点主要负责电力输送和调度，但在智慧储能时代，关键节点不仅要管理电能的流入和流出，还需要监测区域内的用电需求变化，判断何时储能系统需要释放电能，何时可以充电，分析新能源的发电情况，预测未来的发电能力，监测电池剩余容量、充放电速率、电池健康状态等，确保系统高效运行，监测电压、频率波动等参数，确保储能系统的调节作用不会影响电网稳定。

在智慧储能系统中，人工智能和大数据分析平台可以利用历史数据和实时监测数据，预测未来供需变化，并优化充放电策略。通过机器学习算法，系统可以基于过去的用电模式、天气数据、新能源发电数据等，预测未来几小时或几天的电力供需情况。传统的储能系统通常是被动调节的，而智能化储能系统则能够根据实时数据，做到主动调节，如果发现负荷突然上升，人工智能可以指挥储能系统迅速释放部分电能。人工智能还可以分析储能系统的运行状态，预测电池健康状况，提前发现异常，避免储能设备故障影响整个电网运行。通过大数据分析，系统还能优化电池的使用模式，延长电池寿命，降低运维成本。

总的来说，通过人工智能和数据分析，储能系统可以减少能源浪费，提升电网稳定性，增强关键节点的适应能力。智能调度让储能系统在最合适的时间充放电，提高整体利用率，精准预测供需波动，减少新能源接入带来的频率、电压冲击，让储能系统能够应对不同负荷变化，实现灵活调整。

在现代电力系统中，智慧储能和关键节点是相互依存、协同进化的。储能技术的引入不仅提升了关键节点的灵活性和稳定性，还通过这些节点的枢纽作用，使整个电网的运行更加智能高效。关键节点则为储能系统提供实时数据支持，帮助储能系统更精准地调节功率。

一方面，两者的结合实现了从“点”到“面”的升级。传统的电网调节往往是局部调整，难以快速适应复杂的电力需求，而智慧储能的加入，使关键节点不仅能优化自身的运行，还能将局部的灵活性扩展到整个电网，形成更高效、更稳定的调控体系。关键节点的储能调控能力，使电网能够灵活适应不同时间段的电力需求变化，减少过载和供需错配的风险。

另一方面，两者的结合实现了双向反馈。通过智能传感和数据分析，关键节点能实时监测负荷、发电、频率、电压等关键参数，这些数据帮助储能系统更精准地预测电网变化，优化充放电策略，提高储能利用率。传统关键节点的调节能力有限，而储能系统可以提供快速、灵活的功率调节，使关键节点更好地应对电网波动，减少新能源波动带来的影响，提升电网稳定性。

智慧储能与关键节点的结合，不仅是解决当前电网挑战的技术手段，更是构建未来智能电网的重要基石。可以预测的是，在未来的能源结构中，分布式能源和微电网将越来越重要，“智慧储能＋关键节点”的模式为这些新型电网模式提供了可靠的支撑，为未来可持续能源体系的构建奠定了坚实的基础。

第二节　供电能力不足的偏远地区

在供电能力不足的偏远地区，电网常常无法满足当地居民和生产活动的用电需求。智慧储能技术正成为解决这一问题的关键工具。它不仅能提供稳定的电力支持，还能优化能源利用、降低用电成本，并推动清洁能源发展。以下是偏远地区在智慧储能场景中的具体应用与实现方式。

一、缓解供电不足

在日常生活中，电力就像空气一样随时可用，我们很少会去思考它是如何来的。然而，对于偏远地区的居民来说，稳定的电力供应却是一件奢侈的事情，由于地理位置偏僻，电网覆盖往往不足，或者即使有输电线路，也可能因为距离太远、电压不稳而频繁停电。那么，有没有一种办法能让电力更可靠地“守得住”呢？答案便是储能。

储能系统的作用，就像一个“电力仓库”。第一，当电网供电有限时，储能系统会释放存储的电能，确保照明、取暖、通信等基本需求不受影响；第二，在极端天气、地震等突发事件导致电网故障时，储能系统能作为备用电源，能保障医院、通信基站、应急救援中心等关键设施持续运行，避免因为断电造成重大损失；第三，在风力和太阳能丰富的地区，储能系统还能存储多余的可再生能源，在夜晚或天气不佳时释放出来，提高新能源的利用效率。

举例来说，在新疆的部分农牧区，村民和牧民的居住地分布广泛，传统电网难以覆盖。而近年来，当地部署小型储能电池系统，让村庄能够独立供电。利用光伏发电 + 储能系统，居民能正常照明、取暖、使用通信设备，即便夜晚或阴天也能正常用电。储能技术的推广，让更多偏远地区的居民摆脱电荒，也让未来的能源系统更加智能可靠。

二、促进可再生能源利用

人们习惯认为电力来自煤炭、天然气或水电，不过对于很多偏远地区来说，这些传统能源并不容易获得，但风能和太阳能资源非常丰富，如西部的戈壁、青藏高原、沿海岛屿等。

然而，新能源发电不稳定，白天太阳充足时，光伏发电量很大，但到了晚上，光伏电站就无法工作。因此，可再生能源无法单独支撑整个地区的用电。

储能技术的出现，让新能源真正成为可靠的电力来源。首先，光伏发电高峰与人们的用电高峰并不匹配，储能系统便承担“电力蓄水池”的作用，让居民和企业能够全天候稳定用电。其次，风速变化、阴天等因素会导致新能源发电时强时弱，于是储能系统发挥“稳压器”作用，在发电量供过于求时通过存储来消纳电能，供应不足时释放，防止供电忽高忽低。

例如，中国石油青海油田公司在边远地区打造了第一个油田地面光伏项目。尽管公司所处的柴达木盆地年均日照时数为 3200 至 3600 小时，太阳能资源丰富，但仍然面临发电不稳定的问题，因此这一项目采取“光伏＋储能”的模式，即当天气情况不好时，储能电池将作为电压稳定器保障不间断供电。项目总计实现年均发电量 373.7 万度，而 1 万度电相当于一个家庭 4~5 年的用电量。其中的盐湖气田更是实现年均发电量 26.6 万度，配套储能规模 120 兆瓦 /500 兆瓦时，成为油田第一个零碳示范区。储能技术的应用，让可再生能源不再受限于“风停日落”，而是真正成为稳定、可靠的电力来源。

三、降低用电成本

在偏远地区，获取电力是一件昂贵且充满挑战的事情，由于距离遥远，输电线路的建设和维护成本极高，许多地方无法接入国家电网，只能依靠柴油发电来维持用电。然而，柴油发电不仅成本昂贵，还伴随着环境污染和供电不稳定的问题。西藏阿里地区在建设分布式光伏储能项目前只能依靠柴油机发电，每度电的成本高达 7 元；而在建成电站后的十余年，当地的电价始终保持每度电 0.1 元。

面对这些困境，储能技术正成为改变局面的关键。通过结合光伏或风电，储能系统可以在能源充足时存储电力，在需要的时候释放，因而柴油机只需在特殊情况下启动，这样大幅减少对柴油发电的依赖，大大降低了燃油消耗。此外，在某些已经接入电网的地区，电价通常会随着时间波动，储能系统可以在电价低时充电，高峰时放电，帮助居民和企业节省电费。这种“削峰填谷”的方式不仅降低了用电成本，也让电网运行更加平稳，提高整体能源的利用效率。

在一些海岛地区，过去电力几乎完全依赖柴油发电，居民不仅要支付高昂的电费，供电也时常受限。近年来，许多岛屿开始采用“光伏 + 储能 + 少量柴油机”的模式，让太阳能成为主力电源，柴油机仅作为备用。如三沙永兴岛从 2018 年开始采用我国首个由光伏发电、柴油发电、长时储电等多种电源组成的海岛智能微电网系统。系统运行以来，光伏发电就可以满足永兴岛大部分用电需求，储能系统则确保电力稳定，即使在夜晚或阴天，岛上的居民和企业仍然可以得到可靠的电力供应。这样的模式使得当地的电力成本大幅下降，每年节约了柴油量逾 400 吨，约合人民币 200 万元，这不仅改善了居民生活，也促进了当地的经济发展。

四、支撑离网微电网

离网微电网是一种自给自足的电力系统，它并不依赖外部电网，而是结合当地的可再生能源、储能设备和必要时的备用发电机，形成一个完整的本地电力网络。这种系统最大的特点是可以独立运行，即使与主电网完全隔离，依然能够提供可靠的电力供应，而在离网微电网中，储能系统是不可或缺的核心部分。

可再生能源虽然取之不尽，但并不稳定，如果没有储能系统，微电网的供电就会时断时续，难以满足人们日常生活的需求。储能系统的存在，让电力可以留存下来，在风光资源充足时储电，在天气不佳时释放，不再依赖天气变化。除此之外，微电网内部的用电需求随时都在变化，比如白天办公场所和学校用电多，夜晚居民生活用电上升，储能系统可以智能调节供电，确保微电网稳定运行。

离网微电网的意义不仅仅是提供电力，还让原本孤立的地区也能享受到现代能源的便利。对于海岛渔村，它意味着渔民能够更好地储存渔获，提升生产效率；对于高原牧区，它意味着牧民可以在漫长冬季依然拥有稳定的照明和取暖；对于深山学校，它意味着孩子们可以在夜晚继续学习，不再受限于白天的日照时间。随着储能技术的不断进步，离网微电网将在更多偏远地区推广，让那些曾经难以接入电网的地方，也能拥有稳定、清洁、可持续的电力供应。

五、增强灾害应对能力

在地震、暴风雪、洪水等灾害发生时，电力是生命线，但偏远地区的电网基础设施脆弱，一旦受损，抢修往往需要更长时间，居民、医院、学校、应急指挥中心都会受到影响。在这样的紧急时刻，储能系统就像一个“电力生命线”，能够迅速接管供电任务，确保关键场所正常运行。当主电网因灾害受损时，储能系统可以立即切换为备用电源，保证医院的呼吸机、急救设备和照明不受影响，确保通信基站持续工作，让救援指挥中心能够正常运作。而对于普通居民来说，即使电网瘫痪，家中的基本照明、取暖设备、手机充电等也能依靠储能系统继续维持，让人们在灾后的黑暗中依然能看到光明。更重要的是，储能系统不仅能在灾害发生时提供紧急供电，还能在灾后恢复过程中发挥关键作用。大规模断电往往需要数小时甚至数天的抢修，而在这段时间里，储能系统为社区和关键基础设施提供稳定的过渡电源，让人们能够继续生活，减少灾害带来的混乱和损失。

六、智慧管理与远程监控

1. 城市

电网维护通常由一支专业团队负责，一旦出现故障，技术人员可以迅速到场检修。然而，在偏远地区，情况则要复杂得多。这些地方往往地广人稀，专业电力运维人员难以长期驻守，电力系统的维护不仅困难，成本也相对更高。如果遇到设备故障，技术人员可能需要长途跋涉才能抵达现场，而这期间，居民和企业可能要忍受长时间的停电。传统的人工巡检方式，不仅效率低下，还可能因为延误导致更严重的设备损坏和电力中断。

如今，许多储能系统都能与远程监控平台连接，实现智能调度和自主运行。通过这些系统，即使在数百千米外的控制中心，技术人员也能实时监测储能设备的运行情况，并按照需求调整充放电计划，确保电力的供需平衡，降低故障出现概率。

此外，现代储能系统已经能够结合大数据分析，提升整个电网的运行效率。它不仅能实时监测电力需求，还能结合天气预报、历史用电模式、负荷预测等数据，提前规划电力分配。这种智能化管理方式，让偏远地区的电力系统更具灵活性和适应性，减少人为干预的同时，也能降低维护成本，提高能源利用效率。在一些高原牧区和孤立岛屿，智慧管理已经被广泛应用，当地的储能设备通过远程监控系统，与中央控制平台保持连接，即使在最恶劣的天气条件下，技术人员也能通过远程控制系统实时监控和发现故障，随即进行远程调整和维修，避免供电中断。这种智能化管理方式，既减少现场运维的压力，也让偏远地区的供电更加稳定可靠。

2. 偏远地区

电力供应长期以来面临诸多挑战，或因基础设施薄弱而供电不足，或因输电成本高昂而难以负担。传统的应对方式往往依赖柴油发电或有限的电网延伸，但这些方案并不能从根本上解决问题，既昂贵又不可持续。智慧储能的出现，并不仅仅是对这些问题的权宜之计，而是已经成为推动偏远地区能源变革的核心动力。

储能技术让电力供应变得更加可靠。首先是“用得上电”。一些偏远地区在过去即使有光伏或风电设备，也因发电不稳定而无法持续供电。而现在通过储能系统，即便是电网难以覆盖的地方，也能拥有持久的照明、取暖和通信保障。

其次是“用得起电”。智慧储能不仅让电力更稳定，也让能源利用更高效，降低了用电成本。在过去依赖柴油发电的地区，每一度电的成本都居高不下，而如今通过“光伏＋储能”模式，许多地方已经摆脱了对燃油发电的依赖，大幅减少能源支出。

更重要的是，储能技术帮助偏远地区“用得好电”，推动清洁能源的广泛应用，降低碳排放，让能源系统更加绿色可持续。以往，即便有丰富的太阳能或风能资源，由于发电不稳定，很多地区也难以大规模应用可再生能源发电。而现在，储能系统的加入，让这些可再生能源能够真正成为长期稳定的电力来源，在不破坏生态环境的前提下，为居民和企业提供可靠的能源支持。

未来，随着储能技术的不断进步、设备成本的下降以及智能化水平的提升，智慧储能的应用将在更多偏远地区普及。无论是海岛、山区，还是高原牧区，都将能够享受到更加稳定、经济、绿色的电力供应。这不仅意味着生活质量的提升，也为当地的经济发展、产业升级创造了更多可能。智慧储能不再只是弥补电力短缺的补丁，而是正在成为引领偏远地区能源转型、迈向可持续未来的核心助手。

第三节　输电通道和变电站空间资源紧张地区

随着城市用电需求持续攀升，输电通道和变电站选址的矛盾越来越突出。这种现象在大城市核心区和工业区尤为明显——就像高峰期的地铁线路，传统扩建方式已难以应对持续增长的客流量，而新型储能技术就像给电力系统装上“智能充电宝”，为解决这个难题提供了新的思路。

一、输电走廊资源紧张的智慧储能解决方案

输电走廊就像电力系统的“大动脉”，负责将远方的电能输送到城市和工业中心。然而，在城市密集区和开发程度较高的地区，新增输电线路面临着土地资源紧张、审批流程复杂等难题，即便电力需求不断增长，也很难轻易扩建输电基础设施。但现有的主干输电线路又常常处于高负荷运行状态，不仅承担了高强度的输电压力，也无法规避设备老化的问题，进而影响供电的可靠性和安全性，因此我们需要思考，如何才能在土地资源有限和电力需求不断增长的情况下最高效地解决问题。

智慧储能技术正逐步成为缓解这一问题的关键方案。通过在输电走廊沿线合理部署储能系统，可以有效优化电力流动，提高输电线路的运行效率。高峰时段，当电网负荷接近极限，储能系统能够释放之前存储的电能，减少输电线路的峰值功率流动，从而降低过载风险，确保供电稳定。反之，在用电

低谷时，储能系统可以主动吸收多余的电力，平衡电力供需，使输电线路的运行更加均衡。这种“削峰填谷”的调节方式，不仅能降低输电线路的长期负荷，还能减少设备因高温过载而加速老化的风险，从而延长输电设施的使用寿命。

除了优化输电线路本身，智慧储能还能在更大范围内提升区域电力调度的灵活性。分布式储能的存在让储能设备更靠近用电需求较大的地方，电力可以更接近负荷中心存储和释放，从而缓解局部供电压力，减少跨区域输电的需求。比起集中式储能，分布式储能可以减少电力在长途输送过程中的损失，更灵活地响应局部电网负荷变化。这种模式对于能源负荷分布不均的城市尤为重要，特别是在用电高峰时，储能系统能够在本地释放电力，减少远距离输电的压力，使整个电网运行更加稳定。

随着智慧储能技术的进步，输电走廊与储能系统的融合更加紧密，出现了一种新的解决方案：“分布式储能 + 输电线路协同优化”，即在输电走廊沿线合理分布多个小型储能单元，使它们能够快速响应区域负荷变化，增强电网的局部调节能力。此外，结合动态潮流控制技术，储能系统能够自动精准调节输电线路的功率流动，在问题发生前预测潮流变化并自动优化电力配置，避免某些线路负载过高而另一些线路资源闲置的问题，提高输电网络的整体效率。

目前，江苏苏州已建成百万级大型“城市储能群”，电网储能的总规模达到了 105 万千瓦时。与此同时，作为全国用电量最多的地级市，苏州还是苏通 GIL 综合管廊跨江送电工程的起点，该工程送电累计已超千亿，实现了较高的输电走廊利用率。在输电走廊资源紧张的背景下，智慧储能不仅是一种应对短期电力压力的补充方案，更是未来电网发展的重要方向。它让现有输电线路能够承载更多负荷，同时减少对新建输电设施的依赖，为电网的稳定性、安全性和可持续发展提供有力支撑。

二、变电站站址资源紧张的智慧储能解决方案

在城市中心和工业园区，电力需求不断增长，但变电站的扩容却面临严峻挑战。传统变电站的建设需要占用大量土地，而城市中的土地资源极为稀缺，土地征用成本高，审批流程复杂，使得新建或扩建变电站的难度越来越大。同时随着用电需求的快速增长，现有变电站的运行逐渐接近饱和，许多区域的供电瓶颈问题愈发突出，如何在有限的空间内提高变电站的供电能力，成为电力系统亟待解决的问题。

智慧储能技术的引入，为缓解变电站扩容难题提供了高效而灵活的解决方案。首先，储能系统可以提升现有变电站的运行效率，减轻其扩容压力。其次，储能技术的灵活性使得变电站能够更高效地应对负荷波动，推迟甚至减少新变电站的建设需求。最后，模块化储能系统的优势尤为明显，当储能系统与现有变电站结合后，可以快速适应负荷变化，削弱高峰时段对变电站设备的冲击，延缓设备老化，提高电网的整体稳定性。

未来，随着智能电网技术的发展，储能与变电站的协同优化将成为新的方向。一方面，可以发展“高效储能—变电站协同优化控制”，即通过智能算法结合变电站的负荷预测，储能系统动态调整充放电策略，使电网运行更加精准高效。另一

方面，针对站址资源稀缺的问题，紧凑型储能模块采用箱式设计，以最小的空间提供最大的储能能力，解决了站址资源有限的问题。紧凑型储能模块的发展使得储能设备能够灵活部署在变电站内部或周边区域，占地面积小但储能能力强，让城市和工业区能够在有限的空间内实现电网的智能升级。

在土地资源紧张、用电需求不断上升的背景下，智慧储能不仅是对传统电网的一种补充，更是未来变电站升级和城市供电优化的重要方向，让电网不再受限于固定的基础设施建设，而是通过更加智能、灵活的能源管理方式，让每一度电都能被更高效地利用，为城市和工业园区提供更加稳定、经济、可持续的电力支持。

三、新型储能技术推动资源优化

随着能源需求的不断增长，如何在不大规模扩建电网的情况下，提高能源利用效率，优化电力资源配置，成为当前电力行业关注的重点。

压缩空气储能技术是其中一种具有巨大潜力的技术，其原理是利用低谷时段的富余电力，将空气压缩并存储到地下储存设施中，当电网负荷处于高位状态时，则开始释放高压空气，从而推动发电机发电，增加电力供应。相比于传统电池储能，压缩空气储能具有更长的使用寿命和更低的运行成本。

从目前我国的压缩空气储能商业化程度来看，功率为兆瓦级的储能系统效率可达 52.1%，功率为 10 兆瓦级的储能系统效率可达 60.2%，功率为百兆瓦级以上的储能系统效率可达 70%，先进压缩空气储能系统效率能够接近 75%。2021 年，河北张家口全球首套百兆瓦先进压缩空气储能项目开始运行，储能规模为 100 兆瓦 /400 兆瓦时，运行 1 小时可释放 10 万度电，总容量高达 40 万度电，系统效率最高可达 70.4%。

超导储能技术则是另一种高效的储能方式，其核心特点是超导材料可以在极低温环境下实现零电阻运行，从而实现高功率密度和极快的充放电速度。超导储能系统因能在极短时间内释放大量电能而应用于电网频率调节、负荷波动平衡等场景。将这种技术部署在输电走廊或变电站内，可以迅速响应电力需求变化，确保输电系统的稳定性，避免因短时负荷波动造成的供电不稳定，提高整个电网的资源利用效率。上海市建成 35 千伏公里级超导输电示范工程，是我国商用超导输电工程的最大实际运行纪录。

“光储直柔”一体化技术也是近年来备受关注的储能应用模式。在输电走廊或变电站周边部署光伏发电系统，并配套储能系统，使得部分区域的电力可以直接就地消纳，而不是依赖远程输电，由此，局部负荷的电力需求可直接由太阳能和储能设备供应，这不仅减少了输变电主网的压力，也降低了远距离输电的损耗，提高了能源利用效率。这一技术适用于工业园区、新兴城镇或用电需求不断增长的城市边缘区域，既能满足新增负荷需求，又能实现清洁能源的高效利用。2025 年中山市首个光储直柔一体化示范项目正式投入使用，预计发电量达 80 万千瓦时，减少煤排放量约 640 吨，降低二氧化碳排放量超过 1800 吨，实现经济、社会和生态环保的三重效益。

四、能源数字化与智能调控在资源紧张地区的作用

在输变电系统的智能调控方面，精准负荷预测是智慧能源管理的关键。通过人工智能和大数据分析，电力系统可以提前分析区域用电需求的短期和长期波动，为储能系统的调度提供可靠依据；此外，动态储能调度在输变电资源智能调控方面进一步增强了其适应能力。传统的储能设备运行模式较为固定，而基于实时运行数据的智能调控技术，可以让储能系统更灵活地响应电网变化。当某个输电节点出现功率负荷过高的情况，系统可以立刻调度附近的储能设备释放电能，降低线路压力，避免过载风险。

数字孪生技术的应用，使得输变电资源的优化管理迈入了新的阶段。通过建立电网的数字化“镜像”，运维人员可以在虚拟环境中模拟输变电设施的运行情况，提前测试不同的资源分配方案，找到最优的调度策略；除此之外，这项技术还能用于主动式风险预警，提前预测输变电设备可能出现的超载、故障等问题，并自动触发储能系统介入补偿电力，防止事故升级，从而提升整个电网的安全性和稳定性。

五、综合效益分析

经济效益方面，智慧储能减少了传统输电线路和变电站扩容的巨大资本投入。通过储能系统的灵活调节功能，可以更高效地利用现有电网资源，避免或推迟新建变电站的需求，显著降低基础设施投资；此外，储能系统让电网能够在用电低谷

时存储低成本电力，在高峰期释放，从而优化电价结构，提高整体经济性，降低企业和居民的用电成本。

技术效益方面，智慧储能大幅提高了输电线路和变电站的运行灵活性。传统电网在遇到负荷高峰或短时波动时，往往缺乏快速响应的手段；而储能系统可以根据实时需求调节电力流动，避免输电线路过载，提高供电的稳定性。此外，随着新能源的快速发展，智慧储能通过平衡供需，让多余的风电和光伏电能得以存储，在必要时释放，减少新能源浪费，提高可再生能源的利用率，为未来更高比例的绿色能源接入奠定基础。

环境效益方面，智慧储能的推广减少了土地开发对生态环境的破坏。储能技术的灵活部署模式使电网优化升级可以在更小的空间内完成，减少对自然环境的干扰；储能系统与光伏、风电等清洁能源的结合使得电力供应的碳排放大幅下降，降低对化石能源的依赖，推动能源体系向更加绿色、低碳的方向发展。

通过在输变电系统内合理部署储能设备，并结合智能化调控手段，储能系统能够实现动态调节，不仅缓解了输变电设施的运行压力，还能够延缓甚至减少新建输电线路和变电站的需求，帮助电力系统以更低的投资成本实现更高效的运行。储能系统与智能调控技术的结合，使得输变电资源的分配更加精准，进一步推动了能源管理的数字化和智能化转型，为未来能源结构优化和绿色低碳转型奠定坚实的基础，为经济社会的持续发展提供更坚强的能源保障。

第四节 重要电力用户

重要电力用户是指对电力质量、稳定性和可靠性要求极高的用户群体，他们对供电质量有着近乎苛刻的要求。无论是支撑数字世界运转的云数据中心，还是维系生命安全的医院手术室，抑或是昼夜不停的生产线，任何细微的电压波动都可能引发“多米诺骨牌”效应。正是这种特殊需求，让智慧储能技术成为现代电力系统的“安全气囊”。

一、重要电力用户代表

1. 超算中心

超算中心因其高密度计算需求而需要稳定和高质量的电力供应，并且计算能力越强的超算中心对稳定供电的依赖就越大。一方面，超算中心的服务器通常每秒执行千万亿级（PFlops）甚至百亿亿级（EFlops）的计算任务，产生超高功率消耗，因而需要专用变电站以避免供电能力受到限制；另一方面，停电会导致超算中心设备数据丢失或损坏、计算芯片受损以及存储系统宕机，并且其服务器会在执行算力任务时在高低功耗之间切换，可能会在短时间内飙升至数兆瓦，因此超算中心不仅需要稳定的电力供应，还对电能质量和电压有极高要求。

此外，由于高密度的计算需求，超算中心服务器会产生巨大热量，需要配置制冷系统帮助设备散热，这意味着更多的电力消耗。智慧储能提供了不间断电源（UPS）和大规模锂电池储能（BESS）或氢燃料电池储能，为超算中心提供更长时间的备用电力，防止停电造成计算任务中断，并且采用人工智能调度，优化计算任务的执行时间和电网负荷的匹配状况。未来将进一步使用超导磁储能（SMES）实现毫秒级超快响应，以及液流电池和固态电池储能，提升储能系统的循环寿命，满足超算中心不断升级的算力要求，支撑我国科技不断发展。

2. 大型耗能工业

工业领域的电力系统如同精密仪器的“生命线”，炼油厂、钢铁厂、矿场和铝厂作为高耗能企业，对供电稳定性和电能质量要求极高。炼油厂的催化裂化装置等设备在启动或停机时会造成短时功率冲击；钢铁厂在使用大功率电弧炉等高功率设备时会产生强大的无功冲击；矿场多位于偏远地区，用电量较大，但受开采规模影响，远离主电网；铝厂的电解工艺需要高度稳定的电流，如果供电中断会导致电解槽凝固、生产设备报废。而智慧储能系统能够为炼油厂和钢铁厂提供削峰填谷的功能，平抑瞬时功率带来的冲击，降低设备对电网的冲击，提高整体电能质量；与可再生能源结合形成微电网，为矿场提高能源自给率，降低燃料消耗和电力成本；在电网故障时提供备用电源，确保电解槽稳定运行，为生产提供高稳定性、高负荷的电力。

3. 精密制造工业

大型制造厂，如汽车制造、半导体制造等工厂，对电力供应的稳定性有极高要求。如果电网出现故障，汽车制造生产线上的设备或零件可能会被损坏，半导体芯片制造过程中的光刻等环节会受到电力的微小波动而出现良品率下降。此外，大型制造厂也依赖高质量电能，如果供电出现电压波动等问题，依靠精密电机和控制系统的数控机床可能出现加工误差，影响零部件精度，依靠可编程逻辑控制器生产的机器人自动化生产线会出现故障，影响生产指令执行。而智慧储能系统能够实时补偿电压和频率偏差，优化电能质量，减少对精密仪器的影响，并且能够无缝切换到备用电源以应对突发停电，实现更高效、更可靠的电力供应体系。

4. 重大交通系统

铁路供电系统是铁路运输的核心基础设施，直接关系到列车的安全运行和运输效率。当前我国铁路供电方式主要采用接触网供电和牵引变电站，其中接触网供电通常使用电压 25 千伏的交流电，而牵引变电站将高压电网转换为适合铁路牵引系统使用的电压。如果出现电压不稳定或停电，则会影响列车运行，增加事故风险。在铁路运行系统中，极端天气导致的供电中断和设备老化会影响列车的调度和运输；并且现代电气化铁路普遍采用再生制动技术，即列车刹车时产生的电能可以反馈到电网，但如果附近没有足够的用电负荷则可能导致电网电压过载。而智慧储能系统可以在短时间内提供应急电力，保障列车持续供电，提升运输安全性，并且可以优化再生制动能量回收，提高能源利用率，降低电压波动，为铁路运输和客运服务保驾护航。

二、智慧储能如何提升重要电力用户的价值

在电力系统的现代化进程中，储能技术已演变为关键基

础设施的“免疫系统”，其价值创造体现在四个相互关联的维度。这些技术突破正在重塑传统能源管理模式，如同为用电系统装配了智能导航仪。

其一，在供电保障维度，储能装置构建了三级防御体系。首层防护通过构建多层次供电保障体系，让关键用户在断电时仍能持续运作。在超算中心的服务器和铁路运行等场景，储能系统能够在毫秒级时间内自动切换电源，确保不间断供电，同时在柴油发电机启动前提供过渡电力，避免断电间隙导致的设备故障。中间层结合能量管理系统（EMS）可快速隔离故障区域，确保非受影响区域的持续供电。例如铝厂储能系统在电网波动时，能够隔离电力故障区域，保障电解技术设备稳定运行，防止电解槽凝固或报废等现象。底层部署智慧储能的自诊断功能，可实时监测自身健康状态，大幅提升供电安全性。储能设备提前预警潜在风险，并配合运维团队进行定期维护，确保系统始终处于最佳状态，从而减少突发电力故障的发生率，进一步增强电力保障能力。

其二，成本控制方面，储能系统展现出成本优势。智慧储能能够有效降低企业和机构的用电成本，优化电价结构。同时，它也能降低需量电费，要知道电费不仅与用电总量相关，还与最高用电负荷挂钩，峰值负荷越高，电费越贵，而智慧储能可以在负荷高峰期释放电力，削减峰值负荷，从而降低需量电费。此外，通过配置高效储能逆变器，结合智能化能量管理系统，企业可以减少能源浪费，提升整体能效比。如江苏鹿山新材料（盐城）有限公司借助 29 台工商业储能一体柜，一年就节省了 200 万元的电费。

其三，能效提升的实现依赖于负荷侧的不断优化。首先，智慧储能能够与负荷侧智能联动，动态调整电力供需。某些大型设备启动时通常会产生短时高功率需求，容易对电网造成冲击，而储能系统能够在这一瞬间释放电力，平稳负荷波动，确保生产线的稳定运行，同时减少对电网的影响。其次，智慧储能的精准能源调度也让能源分配更加科学高效。通过与能量管理平台对接，储能系统能够实时调整不同设备的用电优先级，确保关键设备优先获得电力供应，而对非必要设备的用电进行适当限制。最后，智慧储能通过“源荷储”一体化系统提升局部能源自给率，实现部分自持电力系统的自我维持，减少对外部电网电源的依赖。

其四，储能技术正成为可再生能源网络的“分形连接器”。随着我国碳中和目标的推进，智慧储能正成为推动清洁能源利用的重要工具。许多企业和机构已经开始采用储能系统提高可再生能源的使用比例，减少对传统燃煤电力的依赖。同时储能系统还能助力碳交易和碳排放管理，通过削峰填谷功能，减少对高碳排放电力的依赖，降低整体碳足迹。阿里云数据中心采用先进的全浸没式液冷技术，不仅将计算密度提高了 10 倍，并且全程散热耗能几乎为零，而传统数据中心会消耗 40% 的能源来散热制冷。此外，数据中心还可加入“政府 + 电网 + 电源 + 用户”的四方“风电交易”协作机制，使其绿色能源使用率超过 50%，累计减排二氧化碳近 40 万吨，全年电源使用效率（PUE）低于 1.2，实现了绿色低碳集群化发展。

其五，智慧储能是一种智能、高效、可持续的能源管理方式。智慧储能系统能够保障关键行业的电力稳定性，降低企业的能源支出，提高用电效率，同时推动清洁能源的广泛应用。在电网负荷不断增长、碳减排政策日益严格的背景下，智慧储能的价值将愈发凸显。随着技术进步，这种智慧储能设备正变得像智能手机般普及。它不仅守护着现代社会的电力命脉，更通过精细化管理推动着能源使用的绿色革命，为可持续发展提供实实在在的解决方案。

第五章
高价值终端用户

第一节　为分布式供能系统配套

分布式供能系统（Distributed Energy System，DES）是发电、供暖和制冷过程一体化的供能系统，是一种靠近用户端、实现能源梯级利用的供能方式，可以根据用户的不同需求灵活高效地提供能源服务。

一、分布式供能系统的组成和类型

分布式供能系统由发电设备、供热（制冷）设备、能量存储设备、控制系统组成。常见的发电设备有内燃机、燃气轮机、风电轮机等。供热（制冷）设备有吸收式制冷机、吸附式制冷机等。能量存储设备有蓄电池、超级电容器等。

主要类型包括：

“冷热电”联供系统：一般以天然气为主要能源，利用燃气轮机发电产生的余热用于供暖，再利用吸收式制冷机制冷，应用场景较多。

太阳能分布式供能系统：利用光伏板发电、太阳能热水器供热，能够配合储能设备和辅助能源，在日照充足地区可满足部分用户能源需求，绿色环保，但受天气影响大。

风力分布式供能系统：适用于风力资源丰富地区，风力发电机发电可与其他能源互补或结合储能，为偏远地区或特定用户供电。清洁可再生，但存在间歇性和地域限制。

二、分布式供能系统的特点

1. 能量接替利用

以天然气“冷热电”联供系统为例。在化学能、电能、热能等三种能量的转换过程中，燃气轮机消耗天然气，化学能转化为电能和热能，这些余热没有被直接排放浪费，而是被充分利用。一部分用于驱动吸收式制冷机，通过吸收式制冷原理实现制冷功能，满足夏季空调等冷负荷需求；另一部分则用于供热，大大提高能源的利用效率。

在新疆某油田的生产中，输电线路需要建设的距离长，而天然气分布式供能系统的建设成本比传统供能系统降低了77.57%。同时，与传统能源供应系统相比，天然气分布式供能系统的年运营成本也下降了32.55%，原因是天然气来源便宜且充足，以及能源的梯级利用。江西某大型工业园区的天然气分布式供能系统展现了新的能源供应模式。该系统采取“并网不上网”模式，电力不足时由市电补充，有力保障园区电力稳定供应。传统分散燃煤小锅炉能源浪费严重，而分布式供能系统依据“以电定热”原则，阶梯式充分高效利用能源，年平均能源综合利用率经测算可高达77.9%。另外，北方寒冷地区数据中心能耗高，而且产生的余热利用程度低，浪费严重，周边用户冬季供暖需求大，数据中心常年运行产生大量余热，传统能源系统未有效利用，造成惊人的能源浪费。分布式供能系统打破传统能源利用局限，创新性地构建跨季节蓄热系统，实现数据中心余热的全年循环利用，将夏季数据中心产生的大量余热存储起来，冬季释放用于周边用户供暖。

2. 靠近用户端

传统供能系统需要通过长距离的输电线或供热管道进行电能传输，在这个过程中，电能会因为线路电阻产生热损耗，热能会因为管道散热而损失。而分布式能源系统则位于用户侧，从而使能源的传输损耗极大减少。据统计，长距离输电线路损耗通常在5%~10%，而分布式供能系统由于距离用户近，基本可以忽略这部分传输损耗。此外，分布式供能系统能够更快速、精准地响应用户的能源需求变化。由于直接与用户相连，系统可以实时监测用户的用电、用热、用冷情况，并作出及时合理的调整。

三、储能适配分布式供能系统的作用

第一，平衡能源供需。储能系统可以调节分布式供能系统中的能源供需问题。能源生产过剩时，如在白天光照充足的太阳能分布式供能系统中，太阳能光伏板产生的电能超过了当时用户的实际用电需求，储能设备将自动把多余的电能储存起来，即将电能转化为其他能源形态进行储存，常见的储能方式有电化学储能，如铅酸电池、锂离子电池等。而当能源短缺时，比如在夜晚或阴天太阳能光伏板发电不足时，储能设备则自动将储存的化学能转化为电能，提供给用户。

第二，稳定电力输出。储能系统像海绵一样，可以提高分布式能源系统的稳定性。依赖可再生能源的分布式能源系统产生的电能容易受到风力、光照等外部自然因素的影响，如风速不稳定对风力发电的扰动、光照不充足对光伏板的影响等都会对电能的稳定性造成影响，结果导致电压、频率等的大幅度波动。而储能系统就像一个“缓冲器”，能够削峰填谷、调频、促进新能源电力消纳以及改善电网电能质量，一定程度上解决大规模能源并网这一问题。同时，在能源输出波动时，它可以快速吸收或释放能量，平滑能源输出曲线，使能源供应更加稳定。

四、案例分析

1. 储能技术在分散式发电系统的实践

在撒哈拉以南非洲的典型代表国家肯尼亚，农村电气化进程长期面临严峻挑战。受限于电网基础设施薄弱，约 37% 的农村聚居点无法接入中央电网系统。当地居民普遍采用柴油机组作为主要供电方式，这种传统方案不仅带来 0.8~1.2 美元 / 千瓦时的发电成本（较光伏系统高 4~5 倍），还存在供电可靠性低（日均断电时长超过 6 小时）和生态污染等问题，严重制约当地生态环境恢复和可持续发展目标的实现。

为突破这一能源困局，肯尼亚能源部联合国际可再生能源机构（IRENA）于2023年启动创新型离网供电计划。该示范工程构建“光伏+储能”的模块化能源系统，其技术架构包括装机容量770千瓦的晶体硅光伏阵列，200千瓦/430千瓦时磷酸铁锂电池储能单元，以及基于物联网的能量管理系统，可实现全天候不间断供电。

光伏发电单元采用分布式部署策略，选取多处公共建筑实施屋顶光伏改造，总受光面积达5100平方米。考虑到东非大裂谷地区纬度特征（南纬4°至北纬4°），光伏板安装倾角经专业测算优化为12°，确保年均辐照量达2100千瓦时/平方米。但受热带草原气候影响，系统面临典型的光伏电力波动问题。

储能单元作为系统的核心调节装置，采用三级拓扑结构设计，通过混合整数线性规划（MILP）算法实现多时间尺度能量管理。在光伏充裕时段，储能系统以0.5C速率充电；当辐照度低于200瓦/平方米时，切换至恒压放电模式，使系统供电可靠率大幅提高。

智能调控平台采用数字孪生技术构建虚拟电厂模型，集成气象预测、负荷预测和储能健康状态（SOH）监测三大核心模块。系统每5分钟执行一次滚动优化，通过动态调整储能充放电阈值，实现源—储—荷协同控制。典型运行日数据显示，在晚高峰时段（18：00—21：00），储能系统贡献了超过一半的供电量，成功应对3小时内135千瓦的负荷爬坡需求。

2. 储能技术在分布式供能系统中的实践

在全球能源体系低碳化重构进程中，储能装置与分布式供能架构的协同创新正引发能源供给模式的深刻变革。德国巴伐利亚州索能（Snnen）社区微电网示范工程和美国夏威夷群岛住宅储能推广计划，系统地展现了电能储存技术在去中心化能源体系中的多维应用价值。

德国索能社区建筑屋顶集成太阳能光伏板阵列，通过分布式发电实现能源的就地转化。在光照充足的日间时段，光伏系统产生的电能优先满足居民即时用电需求（包括照明设备、家用电器等基础负荷）。针对光伏发电固有的间歇性特征，项目创新性地部署了智慧储能系统，通过锂电池组将午间发电峰值期的过剩电能进行存储，有效缓解了黄昏时段及恶劣天气下的供电缺口。更值得关注的是，项目构建了社区级能源互联网平台，借助区块链技术支持下的智能合约机制，实现了住户间剩余电能的点对点交易，形成了具有自我调节功能的社区能源生态系统。

受地理条件制约，美国夏威夷州长期面临电力输配成本高企和化石燃料依赖度高等结构性矛盾。州政府通过税收抵免政策引导居民安装光伏—储能集成系统，其中壁挂式储能装置得到大规模应用。该系统运行特征表现为：日间光伏发电除满足基础用电外，剩余电力通过双向逆变器存入储能模块；当电网电价进入高峰时段或遭遇突发停电事故时，储能系统自动切换为供电模式。这种用户侧能源管理方案不仅使家庭电费支出降低 38%~45%，更显著提升了供电系统的抗扰动能力。该计划实施 5 年来，户用储能装机容量年均增长率大大提高。

从技术集成维度分析，两项工程在储能系统架构方面呈现显著共性。其一，能源供给侧均以高效光伏组件为核心发电单元，充分利用区域光照资源优势；其二，在电能存储环节均采用模块化锂电储能方案，通过电池管理系统实现充放电过程的优化控制；其三，在能源调度层面均引入人工智能算法，构建了基于负荷预测的动态能量管理模型。但两者在系统设计理念上存在差异：德国方案强调社区能源共同体建设，通过虚拟电厂（VPP）技术将分布式资源聚合为可调度单元；美国案例则侧重用户侧资源优化配置，更多体现个体经济理性驱动下的技术采纳行为。

实证研究表明，两类模式均产生了显著的转型效益。经济效益方面，它们降低了用户的用电成本，减少了对传统电网的依赖，长期来看节省了大量电费支出。能源结构优化方面，它们提升了新能源在能源消费结构中的占比，减少了对有污染的化石能源的依赖，降低了碳排放，助力环保。社会效益方面，德国项目创造了新型能源服务岗位并促进社区凝聚力增强，夏威夷模式则催生了光伏 + 储能集成系统的产业集群。这些实践为全球能源转型提供了差异化的技术路径选择，特别是为岛屿、偏远社区等特殊场景的能源供给革新提供了可复制的解决方案。

五、发展趋势

随着储能技术的不断进步，未来储能系统与分布式供能系统将实现更加紧密的协同发展。在技术创新方面，储能技术的成本将不断降低。例如，随着锂离子电池技术的成熟和规模化生产，其成本在过去 10 年中已经下降了 80% 以上，未来有望进一步降低。

近年来，海外锂矿产能逐步释放，我国锂矿进口数量持续攀升。与此同时，下游新能源汽车、储能等行业的发展节奏出现调整，需求增速放缓。在供应增加与需求放缓的双重作用下，锂矿库存持续维持高位，直接导致电池级碳酸锂价格一路下行。相关调研数据显示，在一套完整的电化学储能系统中，电池组成本占比高达67%，是主要成本单元。在电池组成本结构中，锂电池的正极材料成本占42%，电解液成本仅占5%。而电池级碳酸锂作为生产锂电池正极材料以及电解液的关键原材料，其价格的下降对整个锂电池储能产业链产生了深远影响。这一价格变动显著缩短了锂电池储能项目的投资回收期，提升了项目的投资回报率，有效降低了投资风险，增强了市场对锂电池储能项目的投资信心。同时，成本的降低使得储能项目在经济上更具可行性，从而刺激了新型储能装机需求的快速增长。从行业发展的宏观视角出发，电池级碳酸锂价格的下降有助于优化储能产业的成本结构，提升产业整体价格竞争力，促进相关行业的健康、可持续发展。

第二节　高可靠性定制化用能客户群

一、典型用能客户群特点分析

高可靠性定制化用能客户群对能源供应要求极高，主要包括工商业用户、大型能源项目开发者以及对能源稳定性有特殊要求的关键设施运营者。这类客户群不仅要求一直有电，而且对电的质量（如电压、频率稳定性等）评判有严格标准。要给这些客户定制特殊的储能和能源保障方案，满足其独特又严苛的能源需求。

医疗机构的手术室、重症监护室等的电能供应是关乎患者生命安全的。在手术过程中，各种精密的医疗设备，如心脏起搏器、手术无影灯、麻醉机等都需要持续稳定的电力供应。突然停电可能导致手术过程被迫中断，监测患者生命体征的设备停止工作，这将会极大地增加手术风险，甚至可能导致手术失败，危及患者生命。此外，电能的不稳定也会对患者治疗、恢复等造成隐患，比如核磁共振成像（MRI）设备、计算机断层扫描（CT）设备等大型医疗设备等都对电力的稳定性和质量要求极高，电压波动或频率变化可能导致设备故障，从而影响诊断结果的准确性。

金融机构记录交易、备份账册、传输数据等的核心设备对电力供应的稳定性和可靠性要求极高。以证券交易所为例，其交易系统在交易时间内，每秒都要处理大量的交易指令和数据传输。任何短暂的停电，哪怕只有几毫秒，都可能导致交易中断，未完成的交易订单无法及时处理，造成交易延误和资金损失。同时，数据的丢失或错误可能引发市场混乱，投资者对证券交易所的信任度下降，对整个金融市场产生连锁反应。据统计，证券交易所每停电一分钟，可能导致的直接经济损失高达数十万甚至上百万元，而这还不包括由此引发的市场波动和声誉损失。

超算中心伴随着数据备份中心，这些机构内部部署了大量的计算机服务器、高性能存储设备和高带宽网络设备，这是现代信息技术的核心。这些设备通常持续不间断运行，必然对电力供应的持续性、可靠性、稳定性要求近乎苛刻。数据中心的电力中断不仅会导致正在处理的数据丢失，业务系统无法正常访问，还可能对大型计算服务器、高性能存储设备等硬件造成永久性的损坏。一个大型的数据中心，其电力容量可能达到数兆瓦甚至数十兆瓦，一旦停电，恢复供电后重新启动设备和数据恢复的过程可能需要数小时甚至数天，这期间造成的经济损失和业务影响是非常巨大的。

对于电子芯片制造、基础化工、生物制药等对生产连续性要求极高的工业企业而言，能源供应的中断哪怕造成短暂的停机，都会造成巨大的经济损失甚至是重大事故发生。电子芯片在制造过程中，对生产环境的温度、湿度和电力稳定性要求极为严格，任何能源波动都可能影响芯片的质量和成品率。化工企业在生产过程中可能需要特定压力和温度的蒸汽用于化学反应，制药企业则对电力的谐波含量和稳定性有严格标准。不同的工业生产过程对能源的种类、品质和供应方式有着独特且严苛的需求。

二、针对性储能技术方案

第一，根据高可靠性定制化用能客户群的负载特性和用电需求，精确计算储能系统的容量。对于数据中心，需要考虑服务器等设备的功率、运行时间以及备用时间等因素。在数据中心电力需求评估环节，首要任务是精确统计数据中心内各类设备的总功率，包括服务器、存储设备、网络设备以及承担环境调控功能的空调等辅助设备的功率。然后，根据数据中心的业务连续性要求，确定备用时间，一般要求是在市电中断后能够持续供电数小时甚至数天。例如，对于一个总功率为 1 兆瓦的数据中心，要求备用时间为 12 小时，假设储能系统的放电效率为 90%，则需要配置的储能容量约为 13.3 兆瓦时（1 兆瓦 ×12 小时 /0.9）。

第二，冗余配置为储能系统的可靠性提供保障。将多个电池模块并联工作，即使某个模块出问题，其他模块仍能继续供电，保障电力供应的连续性。同时，在系统设计中，系统还设计了“双模式应急切换”功能，分别是静态切换和动态切换。静态切换是通过电子开关实现，切换时间可以控制在毫秒级，几乎可以实现无缝切换；动态切换则是通过机械开关实现，切换时间相对较长，但可靠性较高。实际使用时，两种方式相互配合，确保停电瞬间储能设备立即接管供电。

第三，为储能设备装配 24 小时监测的“智能大脑”——智能化监控系统。智能化监控系统可以持续检查电池的充电量、工作温度等关键指标，就像体检医生一样，能提前发现电池老化、异常发热等问题。当检测到类似“电池发烧”的异常信号时，智能化监控系统会自动降低充电速度并发出警报。此外，智能化监控系统还能根据负载和储能系统的状态，自动调整储能系统的充放电策略，在用电低谷时进入“节能待机”状态，遇到突然用电高峰时立即开启“全力供电”模式。

三、案例分析

1. 储能技术在数据中心的应用场景

作为典型的高能耗基础设施，数据中心对电能质量与供电连续性具有严苛要求，传统电力供给模式常受电网波动及发电侧间歇性制约。山西省天镇县源—网—荷共享储能电站的建立，为解决上述问题提供了创新方案。在供电稳定性层面，储能装置发挥了电能质量调节中枢的作用。当主网发生异常工况时，储能单元可毫秒级响应，通过预储电能持续支撑核心设备运行，有效规避因供电中断引发的数据链路断裂与业务系统瘫痪风险。鉴于服务器等精密设备对电能参数的敏感特性，储能系统配备实时电网状态监测模块与智能切换机制，确保电压波动控制在 ±2% 阈值范围内，最大限度保障数据存储与处理系统的稳定运转。

在经济性优化层面，该工程创新性地构建了峰谷电价套利模型。通过智能调度算法，在电价波谷阶段完成电能储备，于尖峰负荷时段释放存储电力，实现用能成本的结构性优化。该模式可使数据中心年度电力支出大大降低。共享型储能架构的采用，不仅分散了初期投资压力，更通过资源池化管理，将储能设施利用率提升至领先水平，显著改善行业资源错配问题。

国电南京自动化股份有限公司绿色能源供给示范工程聚焦可再生能源与储能系统的协同运行机制，为数据中心低碳转型提供技术范式。面对数据中心年均 PUE 值偏高带来的环境压力，项目团队构建了风光储一体化供能体系。针对可再生能源固有的出力波动特性，储能单元被设计为动态能量平衡装置。当光伏发电或者风力过大超出负荷需求时，富余电能被导入储能系统；在可再生能源出力低谷期，储能装置及时补充供电缺口。该模式使数据中心绿电渗透率提升至65%以上，年均可减少标准煤消耗2.3万吨。通过部署AI预测算法，系统可提前72小时预测可再生能源出力曲线与负荷需求，制定最优充放电策略，将能源浪费率控制在较小范围内。

中国电信浙西数据中心开创了合同能源管理（EMC）模式在储能领域的新型应用范式。针对5G时代数据中心电力可靠性要求的指数级增长，项目采用交流侧储能方案，构建多层级电力保障体系。在技术架构层面，系统配置了双环冗余供电回路与毫秒级切换装置，确保在主网故障或计划性检修期间，储能单元可维持关键负载持续运行240分钟以上。商业模式的创新体现在风险共担机制：由专业能源服务商负责系统全生命周期管理，数据中心按实际节能效益分期支付服务费用。此种模式使项目内部收益率（IRR）有所提升，同时将用户初期投资大幅降低，形成可复制的市场化运作样板。

2. 医疗机构的储能解决方案

福建玛高爱纪念医院储能项目，作为福建省首个医疗储能0.75兆瓦/1.8兆瓦时项目，构建了三级电力应急响应机制。系统配置了双重冗余电池管理系统管理模块与智能孤岛运行功能，可在市电中断后的极短时间内完成供电切换，确保手术室、ICU等关键区域不间断电源系统零中断运行。项目创新性地将需求侧响应（DR）机制引入医疗领域，通过参与电网调峰服务获取额外收益。数据分析显示，在实施储能调峰后，医院年度电费支出减少，同时还获得了电网需求响应补偿。该模式已被纳入《医疗基础设施新型电力系统建设指南》，推动行业标准升级。

北京大学国际医院智能微网通过低压侧并网设计与反孤岛保护装置的创新应用，实现了供电可靠性的数量级提升。其配置的 2.7 兆瓦磷酸铁锂储能系统，可将电压暂降发生率由年均 12 次降至 0.3 次，总谐波畸变率（THD）控制在极低标准以下。针对 MRI 等精密医疗设备，特别设计了恒压恒频（CVCF）输出模式，确保影像诊断系统的稳定运行。基于负荷特性分析平台，构建了医疗设备智能画像数据库。系统可自动识别多种类型医疗设备的运行模式，动态调整储能出力策略。

3. 工商领域的储能技术创新

浙江金臻减振器公司储能项目针对离散制造企业的用电特征，构建了基于 LCOE（平准化度电成本）的优化模型。其通过配置 1935 千瓦时储能容量，将峰段用电占比大幅缩短，使得每度电成本下降，特别是在电镀工艺环节，通过储能的稳压功能，其产品不良率大大降低。电网供电有时会因各种原因出现波动甚至停电，这对企业生产设备的正常运行和产品质量影响巨大。该储能系统在电网停电时，能够迅速响应，无缝切换为企业供电，确保生产设备持续运转，避免因停电造成的产品报废、设备损坏以及订单延误等损失，保障了企业生产的连续性和稳定性。

西格迈股份大规模储能应用项目部署了基于数字孪生的能源管控平台，实现 4.73 兆瓦时储能系统的毫秒级响应。通过与能源管理系统的数据交互，其可预测未来 2 小时生产线的能耗需求，动态调整储能出力策略。在承接紧急订单时，系统能自动识别关键工序的电力需求，保障产能爬坡期的电力供应。安装储能系统不仅有助于企业降低用电成本和保障生产稳定，还在一定程度上推动了企业的可持续发展。其通过更多地利用储能系统储存的清洁能源（如谷电时段储存的风电、光电等），降低用电企业对化石能源的依赖，减少碳排放，符合当前绿色发展的趋势，有助于提升企业的社会形象和品牌价值，为企业赢得更多的市场机会和政策支持。

第三节　用户侧分散式储能应用场景

用户侧分散式储能系统是一种安装在用户端的小型、模块化储能设备，用于存储和释放能量，以优化能源管理，其优点主要在于能够平衡用户负载、降低用电成本和提高供电可靠性。目前，用户侧分散式储能在家庭、商业和工业用户中已经得到广泛应用。

一、家庭用户场景

目前，家庭能源结构正不断发生变化，许多家庭在屋顶铺设太阳能板，将太阳能转化为电能，不仅可供应家庭自身用电，还能将多余电量存储起来，在峰电时售卖给电网，实现能源的自给自足与经济收益。然而，太阳能发电具有间歇性，依赖光照条件，白天光照充足时发电量大，夜晚或阴天发电量则会骤减甚至为零。这与家庭用电需求的连续性和随机性形成矛盾，而储能系统成为解决这一矛盾的关键。

1. 储能在家庭中的功能与效益

一是电力削峰填谷。在当前电网电价体系中，峰谷电价制度应用广泛。在高峰时段，电力需求旺盛，电价相应处于高位；而低谷时段，电力需求相对较低，电价也随之降低。家庭储能系统的出现，为居民合理利用峰谷电价差异提供了有效途径。在电价低谷期，家庭储能系统能够从电网中汲取电能并储存起来；当进入电价高峰期时，便释放之前储存的电能，满足家庭用电的需求，进而减少从电网中的购电量，切实降低家庭用电成本。

以部分实行分时电价的地区为例，其高峰电价与低谷电价之间存在显著差距，峰电价格往往可达谷电价格的 2~3 倍。在这样的电价环境下，普通家庭若能合理借助储能系统，充分利用峰谷电价差进行套利，每月电费支出可节省 30%~50%。以美国加利福尼亚州为例，在分时电价政策制度下，16：00—21：00 时的居民用电高峰时段，电价高达每度电 0.4~0.6 美元，而 22：00 时至次日 8：00 时用电低谷时段，电价则远低于高峰时段。这使得当地有储能系统的家庭可以合理且有效地降低用电成本，具体数据可参考加利福尼亚州能源委员会发布的相关用户用电成本统计报告。

二是应急电源保障。当遭遇自然灾害、电网故障等意外情况导致停电时，家庭储能系统能迅速切换为供电模式，为家庭关键设备如照明、冰箱、医疗设备等提供应急电力。对于有特殊用电需求的家庭，如家中有需要持续供电医疗设备的用户，储能系统更是不可或缺的电力保障。在 2017 年美国飓风“哈维”袭击期间，休斯敦地区大量家庭停电，许多安装了家庭储能系统的用户依靠储能电池维持了基本生活用电，保障了冰箱中食物的冷藏和医疗设备的正常运行。

三是提升能源自给率。储能系统配合太阳能光伏发电系统，日照充沛时将光伏发电的富余电能进行存储，夜间再将电能释放使用，使家庭能够更大程度地依赖自身产生的可再生能源，提升能源自给率。

2. 实际应用案例

以某欧洲家庭为例。该家庭构建了一套新型家庭能源供应体系，其屋顶铺设的 5 千瓦光伏发电矩阵与地下室内配置的 10 千瓦时锂电储能设备形成协同运行系统。在日照充沛的春夏季，这套绿色能源装置不仅能为全家电器提供持续电力，富余能量还可转化为化学能储备。当夜幕降临时，住宅内照明系统、厨房设备及电子产品的电力需求完全由储能模块承担，这种日间自产、夜间自用的循环模式显著降低了对外部电网的依存度。

值得一提的是，其所用的储能锂离子电池系统具有高能量密度、高效充放电、长循环寿命等特点，日常充放电过程中仅有微量的能量损耗。同时，住户可以通过移动终端接入的智慧能源平台，清晰掌握屋顶光伏板的即时发电量和储能单元剩余电量。结合当地供电公司实行的分时电价政策，系统可自动优化储能设备的充放时序，例如，自动选择价格低的谷电时段充电，而在价格高的峰电时段优先使用自储电力。

3. 市场发展趋势与相关政策

随着储能技术成本的不断降低和消费者环保意识的提高，家庭储能市场呈现出快速增长的趋势。根据市场研究机构彭博新能源财经（BNEF）的预测，未来10年全球家庭储能市场规模将以每年超过30%的速度增长。特别是在欧美等发达国家和地区，由于政策支持、居民环保意识强以及较高的电价水平，家庭储能市场发展更为迅速。

在政策方面，德国实施了《可再生能源法》，对安装家庭储能系统的用户提供补贴和优惠政策，补贴金额可达设备成本的30%~50%。美国加利福尼亚州推出了“自发电激励计划（SGIP）”，为家庭储能系统的安装提供资金补贴，补贴额度根据储能系统的容量和技术类型而定。

国内相关储能政策也为家庭用户储能应用提供了多方面支持。2024年11月20日发布的《关于加强电力安全治理 以高水平安全保障新型电力系统高质量发展的意见》，要求加强新能源及新型储能等新型并网主体涉网安全管理，通过提升涉网安全性能、加强涉网参数管理、优化并网接入服务、强化并网运行管理等措施，提升调度机构并网安全管理水平。2023年1月，工业和信息化部、教育部、科技部、人民银行、银保监会、能源局六部门联合发布了《关于推动能源电子产业发展的指导意见》，明确提出“采用分布式储能、光伏+储能等模式推动能源供应多样化”，提高能源自给自足能力。2023年7月，国家发展和改革委员会、工业和信息化部、财政部、自然资源部、住房和城乡建设部、商务部、市场监督管理总局七部委联合发布《关于促进电子产品消费的若干措施》，提出“因地制宜支持家用储能设备等绿色节能家电推广使用”，并将为此提供一系列政策支撑。

二、商业用户场景

服务业用户的用电具有明显的潮汐式的“峰谷特性”。商场、酒店、写字楼等商业场所在营业时间内照明、空调、电梯等设备同时运行，用电负荷大，形成用电高峰；在非营业时间内，用电负荷则大幅降低。这种峰谷差异导致商业用户在高峰时段需支付高额的电费，且对电网供电能力造成较大压力。储能系统的削峰填谷功能与商业用电的峰谷特性高度适配，在一定程度上降低服务业用户的用电成本，提高可靠性。

1. 储能在工业中的功能与效益

一是降低用电成本。商业用户可以选择在谷电时段向储能系统充电，在峰电时段释放电能，减少电费支出。同时，对于商业用电大客户，储能系统还可以在不减少用电量的情况下，降低用电成本。需量电费是根据用户在一定时间内的最大用电功率来计算的，储能系统可以在用电高峰时补充电力，避免因瞬时用电功率过大而增加需量电费。

二是提高供电可靠性。商业场所的电力供应系统一般要求具有较高的可靠性和稳定性，一旦停电，可能导致商品损失、客户流失、营业中断等严重后果，储能系统可以保证供电的可靠性。如酒店停电时，储能系统可维持电梯、照明、安防等系统的运行，确保客人的安全和舒适；商场停电时，储能系统可保证收银系统、冷藏设备等关键设备的正常工作，减少经济损失。在 2019 年日本台风灾害期间，东京多家安装了储能系统的商场和酒店在停电情况下依靠储能系统维持了基本运营。

三是参与电网辅助服务。商业用户的储能系统参与电网辅助服务是重要应用方向之一。借助储能系统，商业用户能够投身于电网的调峰、调频等辅助服务项目，以此开辟额外的收益渠道。当电力需求急剧增加，电网负荷攀升至高峰阶段，储能系统可发挥“能量释放站”的作用，向电网反向放电，有效缓解电网因高负荷运转产生的供电压力，保障电力供应的稳定性与可靠性。而当电网负荷进入低谷时期，电力需求大幅下降，储能系统则转变为“能量储存库”，从电网吸收多余电能并储存起来，助力电网优化电力供需结构，维持电力供需的动态平衡。

通过参与电网辅助服务，商业用户不仅可以为电网稳定运行做出贡献，还能获得相应的经济补偿，进一步提高储能系统的投资回报率。根据欧洲输电系统运营商联盟发布的报告数据，参与电网辅助服务的商业储能项目平均每年可获得额外收益 50~100 欧元 / 千瓦。

2. 实际应用案例

某连锁酒店集团在旗下多家酒店安装了磷酸铁锂电池储能系统，每套储能系统容量为 500 千瓦时。通过智能能量管理系统，酒店根据自身用电规律和电网峰谷电价时段，合理控制储能系统的充放电。在夏季用电高峰期，储能系统为酒店提供了约 30% 的电力需求，有效降低了酒店的用电成本。同时，在多次电网短暂停电事故中，储能系统迅速响应，保障了酒店的正常运营，避免了因停电造成的经济损失和客户投诉。随着储能技术成本的不断降低和商业用户对用电成本与供电可靠性的关注度不断提高，商业用户侧储能市场呈现出快速增长的趋势。

3. 市场发展趋势与相关政策

国家政策引导成为商业用户储能发展的核心驱动力。2020年6月10日印发的《电力中长期交易基本规则》确立储能企业的市场主体资格，这一制度创新实质性地解除了储能设施参与电力交易的技术性障碍，使商业储能系统得以全面融入电力现货交易、辅助服务等多元市场体系，形成包含容量租赁、需量管理等在内的复合收益模式，显著提升项目经济可行性。2021年7月15日，国家发展和改革委员会、国家能源局发布《关于加快推动新型储能发展的指导意见》，通过构建新型储能制度基础，为工商业储能市场化发展奠定法制基石。在市场化运营机制构建方面，政策组合拳形成显著协同效应。2022年6月国家发展和改革委员会和能源局发布的《关于进一步推动新型储能参与电力市场和调度运用的通知》明确提出“完善峰谷时段划分与价格浮动规则”。2024年2月发布的《关于建立健全电力辅助服务市场价格机制的通知》提出“逐步构建起基础收益＋增值服务的复合型赢利架构”。这些政策搭配帮助工商业主体通过灵活用电策略降低能源支出，乃至借助参与电网调节服务获得额外经济回报，显著提升了储能设施的投资吸引力。

在行业规范化发展层面，管理制度的完善与电网接入机制的革新形成双重保障。针对储能设施的特殊性，2021年9月发布的《新型储能项目管理规范（暂行）》制定了覆盖项目全生命周期的监管方案，从前期规划论证到后期运行维护均建立明确规范。与此同时，设备技术参数的统一和并网审批程序的简化，既确保了储能系统与电力网络的适配性，又将项目落地周期大大压缩，有效促进了储能技术在商业领域的推广应用。

技术创新政策体系展现出前瞻性的布局特征。以 2022 年 1 月 29 日发布的《"十四五"新型储能发展实施方案》为核心的技术路线图，配合示范项目遴选机制的激励机制，形成了"基础研究—工程验证—商业推广"的完整创新链条。这种政策导向有效引导工商业资本投向压缩空气储能、固态电池等前沿技术领域，通过应用场景创新，推动储能技术迭代与成本下降的良性循环。

值得注意的是，从增长趋势来看，前景相当乐观。全球增长咨询机构弗若斯特沙利文曾预测，未来商业用户侧储能的装机容量将以每年 20%~30% 的速度增长，成为储能市场的重要增长点。

三、工业用户场景

工业生产是能源消耗的大户，不同行业的工业企业用电特性差异较大，但对电力供应的稳定性、可靠性要求则是一致的。例如，钢铁、化工、金属冶炼等行业，生产设备能耗大，启停时会产生较大的冲击电流，对整体电网稳定性造成冲击。而且，工业生产要求连续性强，如果突然断电，可能会带来巨大的经济损失。储能系统因其快速响应、调节功率、储存能量等特性，成为满足工业用户用电需求的重要解决方案。

1. 储能在工业中的功能与效益

一是平滑负荷波动。储能系统可以在工业设备启动时提供瞬时高功率电力支持，弥补电网供电能力的不足，降低设备启停时对电网的冲击。工业设备电力消耗平稳时，可以相机选择充电，储存多余的电能，在设备负荷增加时相机释放电能，从而可以平滑用电负荷曲线，实现电网的稳定运行。例如，在钢铁生产过程中，电弧炉等设备在工作时功率波动较大，通过安装储能系统，可有效降低功率波动对电网的影响，保障生产的顺利进行。

二是作为备用电源。对于一些对供电可靠性要求极高的工业企业，储能系统作为备用电源，可在电网突然断电时，立即切换至供电模式，保障关键生产设备的持续运行，避免因停电造成的生产中断和经济损失。例如，电子芯片制造企业在生产过程中一旦停电，可能导致正在加工的芯片报废，损失巨大。储能系统的应用可以确保在电网故障时，生产设备能够继续运行一段时间，以便企业采取应急措施，如启动备用发电机或有序停机，降低停电带来的损失。在 2020 年中国台湾地区的一次大规模停电事件中，某半导体制造企业因安装了储能系统，在停电后的 10 分钟内维持了关键生产设备的运行，避免了价值数百万美元的芯片报废。

三是参与需求响应。工业企业可以通过储能系统参与电网的需求响应项目，根据电网的负荷情况和调度指令，合理调整自身的用电行为。在电网系统处于负荷高峰时，备用储能系统放电，减少企业购买高价电网电量。反之，储能系统也可参与需求响应，工业企业不仅可以获得相应的经济补贴，还能为电网的稳定运行做出贡献，同时降低自身的用电成本。

2. 市场发展趋势与相关政策

随着工业智能化和绿色化发展的推进，工业用户侧的储能市场前景广阔。新兴产业如电动汽车制造、超算中心、数据存储中心等对供电可靠性、稳定性和电能质量要求极高，将成为工业储能的重要应用领域。同时，储能技术与工业互联网、大数据等技术的融合，将实现更精准的能源管理和优化调度，进一步提升工业储能的应用价值。

“十四五”期间储能产业政策体系呈现显著的协同创新特征，以 2022 年 1 月发布的《“十四五”新型储能发展实施方案》和 2021 年 7 月发布的《关于加快推动新型储能发展的指导意见》为政策核心，通过制度供给创新驱动工业储能市场发育。研究显示，该政策框架在三个维度形成突破。首先，构建“场景创新—模式迭代”的双轮驱动机制，引导工业用户依托分布式能源系统开发共享储能、虚拟电厂等新型业态，实现闲置储能资源的聚合增值；其次，建立“主体身份—交易通道”的制度化保障，通过准入清单管理和技术标准体系重构，使工业储能系统获得电力现货交易主体资格，形成能量交易与辅助服务的双重收益结构；最后，形成“价格激励—规制优化”的政策工具包，既通过容量电价与动态峰谷价差机制创造套利空间，又借助备案制改革与并网标准统一化降低制度性交易成本。

四、优势与挑战

用户侧分散式储能灵活性高，可以根据用户的实际需求进行个性化配置，无论是家庭用户还是商业用户，都可以根据自身的用电情况和经济实力选择合适的储能设备和容量。安装方便也是其显著特点之一，小型的储能设备体积小、重量轻，不需要复杂的安装工程，普通用户可以在专业人员的指导下自行安装。储能系统的响应速度快，能够在瞬间对能源供需变化做出反应，快速调整充放电状态，高效平抑分布式能源的破坏性波动，提高能源供应的稳定性。

尽管用户侧分散式储能具有诸多优势，但也面临一些挑战。首先，储能设备投资成本高。以常见的锂离子电池储能系统为例，对于一些普通用户来说，购买和安装储能设备的经济压力较大。其次，用户对储能技术的了解和认知程度较低，缺乏相关的安装、维护和管理经验。很多用户在购买储能设备后，不知道如何正确使用和维护，导致设备性能下降和使用寿命缩短。再次，目前储能电池的使用寿命一般在 5~10 年，这也增加了用户的使用成本。最后，储能电池在充放电过程中存在一定的安全风险，如过热、起火等，需要采取有效的安全措施加以防范。

五、发展策略与建议

用户侧分散式储能发展需要多维度协同推进，技术创新与市场改革如同双轮驱动，缺一不可。在技术研发层面，建议建立差异化开发体系，根据不同用电场景“量体裁衣”。例如针对工厂生产用电量大、波动频繁的特点，可重点开发能快速充放电的新型储能装置；针对居民小区用电规律性强的特征，可优化现有电池系统的智能调控能力。值得关注的是，当前可尝试将储能装置与智能电表、能耗监测平台等设备联网，通过手机 App 实时查看储能设备运行状态，必要时进行远程维护，就像管理家庭智能设备一样便捷。

市场环境建设方面，建议分三步走。首先由国家能源部门牵头制定全国通用的储能设备入市办法，明确储能设备参与电力交易的“游戏规则”；其次在各省试点建立储能容量认证中心，定期评估储能设备性能；最后要开发储能设备的多用途赢利模式，比如在用电低谷时段储存低价电，在高峰时段转供赚取差价，或者作为应急电源获取服务费用。这样的机制设计能让储能设备像“电力银行”一样灵活运营。

此外，政策支持体系需要“软硬兼施”。建议财政部门建立动态补贴机制，初期可按储能设备容量给予安装补贴，后期根据实际放电量进行奖励，类似新能源汽车的补贴方式。金融配套方面，可参考光伏贷模式推出“储能宝”专项贷款，允许用户分期支付设备费用，同时鼓励保险公司开发储能设备专属险种。对于生产企业实施“以奖代补”，对年产量达标的企业给予一定的税收优惠。

在成本控制方面，建议组建储能产业联盟，推动上下游企业建立联合采购平台，通过大批量采购原材料降低生产成本。对于已建成的储能项目，建议引入专业运维公司进行“全周期健康管理”，及时发现电池衰减等问题。同时要建立覆盖城乡的储能设备回收网络，在社区设置专门的回收点，对废旧电池进行环保处理。

与此同时，安全保障必须形成多方合力。建议由市场监管部门牵头，组织电力专家、社区代表、设备厂商共同制定储能设备安全使用手册，用通俗易懂的图文说明安装规范和应急处理方法。定期开展“储能安全进社区”活动，通过现场演示让居民了解设备特性。对于工商业储能项目，可借鉴电梯维护保养制度，要求使用单位每月提交设备运行报告，监管部门随机抽查，确保安全措施落实到位。

值得关注的是，用户侧储能在实现技术经济性的过程中面临三重悖论：储能容量配置与负荷波动性的动态匹配矛盾、全生命周期成本与用户投资回报预期的经济性冲突，以及分布式资源聚合与电网调度安全的协同困境。破解这些难题需要构建“数字孪生＋人工智能”的智能决策系统，通过“源—网—荷—储”多维度数据的深度挖掘，实现储能系统的自适应优化控制。未来，随着电力现货市场机制完善和碳交易体系成熟，用户侧储能将突破单纯技术解决方案的局限，进化为支撑新型能源体系的市场化调节工具，在提升终端用能效率的同时，为构建弹性低碳的能源生态提供底层支撑。

第三部分

实现智慧储能的主要路径

宏大的目标很容易提出，如何实现才是最难的。对于智能储能来说，到底是通过电化学储能、电磁储能、压缩空气储能，还是通过飞轮储能、氢（氨）储能、热（冷）储能，工程师们始终行走在探索的道路上。

第六章

电化学储能

化学储能是通过化学反应来存储和释放电能的技术。其核心是蓄电池，通过电化学反应实现电能与化学能的相互转换，能够在电力系统中发挥调峰调频、备用电源、需求响应等多种功能。

第一节 电化学储能技术发展

电化学储能技术路线丰富多样，各有其独特的优势与不足。在评估这些技术时，我们主要从能量密度、功率密度、循环寿命、充放电效率、工作温度、响应时间等多个关键性能指标进行比较。这些性能指标相互作用，共同决定了电化学储能在不同应用场景中的适用性和技术选型。衡量储能技术性能的关键指标包括能量密度和功率密度等。

能量密度是指单位体积或单位质量的物质所存储的能量大小，决定了电池在单位体积或单位质量内能够储存电能的多少。体积能量密度是单位体积所含的能量，常见单位为“焦耳 / 立方米”（J/m^3）或“千瓦时 / 立方米”（$kW \cdot h/m^3$）。质量能量密度是单位质量所含的能量，常见单位为“焦耳 / 千克”（J/kg）或“千瓦时 / 千克”（$kW \cdot h/kg$）等。功率密度是指单位体积或单位质量的储能设备能够输出的功率，它反映了储能设备在短时间内释放大量能量的能力。功率密度的单位通常为“瓦特 / 千克”（W/kg）或“瓦特 / 升”（W/L）。

能量密度和功率密度的高低直接影响到电池的应用范围和使用效果。例如，在电动汽车和便携式电子设备中，高能量密度的电池能够提供更长的续航里程和更轻便的设备，而高功率密度的电池则能够提供更强的加速性能和更高的最高速度，同时还能支持设备的快速充放电功能。

在众多储能技术中，化学储能以其较高的能量密度、较长的循环寿命和相对成熟的技术，成为当前储能领域的主流选择。截至 2024 年年底，化学储能电站累计规模首次超过抽水蓄能。从铅酸电池到锂电池，再到新兴的钠离子电池和液流电池，化学储能技术的不断进步，为储能产业的发展注入了强大动力。

一、电化学储能系统概述

电化学储能系统的工作原理是通过电池内部的氧化还原反应实现电能存储与释放，主要组成部分包括电池组（电芯）、储能变流器、电池管理系统、能量管理系统以及其他电气设备，通过各部分的协同工作，实现电能的高效存储、转换和管理。如图 6–1。

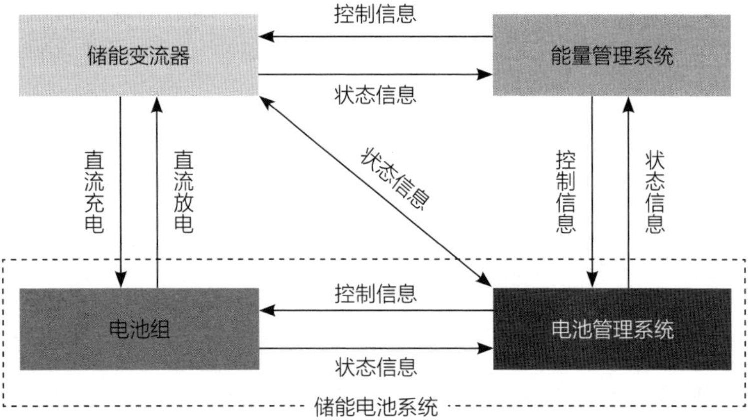

图 6–1　电化学储能系统示意图

在智慧储能系统运行过程中，能量管理系统作为核心控制单元，根据预设的策略和实时采集的数据，协调储能变流器、电池管理系统以及热管理系统的工作。当需要充电时，能量管理系统下发指令给储能变流器，储能变流器将电网电能转换为直流电并控制电池组进行充电，同时电池管理系统监测电池状态，确保充电过程安全、高效；当需要放电时，能量管理系统指挥储能变流器将电池组的直流电转换为交流电输出，电池管理系统依然实时监控电池状态，热管理系统根据电池管理系统反馈的电芯温度信息进行相应的散热或保温操作。一旦出现紧急情况，如急停按钮被按下或消防、柜门行程开关等外部信号触发，信号会直接传递给储能变流器、电池管理系统和能量管理系统，各设备迅速做出反应，停止运行或采取相应的安全措施，确保设备和人员的安全。

二、电化学储能系统的主要构成部分

电化学储能系统通过电池组、储能变流器、电池管理系统、能量管理系统及辅助系统的协同，实现从能量存储到智能调度的全链条管理。随着技术进步，系统正向高集成度（如“All-in-One”设计）、智能化（AI 驱动的预测维护）及多能互补（与光伏、氢能耦合）方向发展。未来，组件性能优化（如固态电池、宽禁带半导体储能变流器）将进一步提升系统效率与经济性。

1. 电池组

电池组也被叫作电芯，是电化学储能系统最主要的构成部分，由单体电池通过串联或并联形成电池模块（PACK），多个模块进一步组成电池簇，最终集成电池堆，其性能和容量直接决定了储能系统的能量存储能力和输出特性。主要技术参数包括能量密度（瓦时 / 千克）、功率密度（瓦特 / 千克）、循环寿命（次）、充放电效率（%）等。例如锂离子电池能量密度通常可达每千克 0.15 度电到 0.25 度电，可循环 3000 次至 5000 次，是电化学储能系统的主流选择。

2. 储能变流器

连接电池组与电网（或负载）的关键设备是储能变流器，它的主要功能是控制电池组的充放电过程，进行交流 / 直流电的变换。在充电过程中，电网端的交流电通过储能变流器转化为直流电，并储存到电池堆；在放电过程中，电池堆的直流电被储能变流器转换为交流电供给电网，类似于一个超大号的双向充电器，充当电池堆与电网端之间的桥梁。

3. 电池管理系统

电池管理系统是连接电池组和用电设备的重要部分，具有电池状态监测、均衡管理、热管理、安全保护和通信等功能，作用是防止电池出现过充过放，确保电池组安全、高效运行，提高电池的利用率和使用寿命。

电池管理系统的电池状态监测功能包含以下三个方面。一是电压监测，实时监测每个电池单元的电压，确保其在安全工作范围内，防止过充、过放，避免电池性能下降和安全隐患；二是电流监测，精确测量充放电电流，计算电池充放电量，判断电池健康状态，为充放电管理提供依据；三是温度监测，通过温度传感器监测电池组温度，防止高温或低温影响电池性能和寿命，为热管理系统提供数据支持。

电池管理系统的热管理功能包含冷却控制和加热控制两个方面。冷却控制是根据电池温度和充放电电流，智能调节冷却系统，防止电池过热，确保电池性能和寿命。加热控制是在低温环境下，自动启动加热装置，使电池温度维持在适宜范围，提升电池性能和安全性。

安全保护包括过充 / 过放保护、短路保护、过温保护。过充 / 过放保护是指，实时监测电池电压和电流，一旦检测到过充或过放，立即切断电路，防止电池损坏和安全事故。短路保护可快速检测电池组短路故障，立即切断电路，保护电池和用电设备。过温保护是当电池温度超出安全范围，自动切断电池组电路，防止温度过高引发热失控，确保使用安全。

通信功能包括数据传输和系统集成。电池管理系统将采集到的电池数据通过 CAN 总线等通信协议传输给外部设备，实现远程监控和数据分析。

在电动汽车和储能系统中，电池管理系统与整车控制器、能源管理系统等进行数据交互，协同管理电池组充放电和能量分配，优化系统性能。

电池管理系统依据复杂算法推测系统的 SOC（荷电状态，State of Charge），控制热管理系统的启停，进行系统绝缘检测和电池间的均衡。SOC 精度即荷电状态的测量或估算精度，是指对电池剩余电量评估的准确程度。在储能领域，精准的 SOC 预估，意味着电池管理系统能精确控制电池的充放电深度，可最大限度防止过充过放，减少能量损失，有助于优化储能系统的运行效率。其还能减缓电池的老化速度，延长储能使用寿命，避免频繁更换电池等运维成本支出，继而提高储能项目整体经济性。在汽车领域，准确的 SOC 精度可以让驾驶者准确了解车辆剩余续航里程，合理安排行程，同时也有助于车辆控制系统优化电池的使用，提升加速和爬坡等性能指标，延长电池使用寿命。

4. 能量管理系统

能量管理系统是整个储能系统的“大脑”，主要功能包括数据采集与监控、能量调度与控制、负荷预测与优化，以及系统保护与安全。

数据采集与监控方面，能量管理系统通过传感器和智能设备实时采集系统中的电压、电流、功率、电量、温度等数据，对整个能源系统储能设备的状态、发电设备的输出、负荷的消耗情况等进行实时监控，并将数据上传，操作人员可通过可视化界面直观地了解系统的运行状况，及时发现异常和故障。

能量调度与控制方面，能量管理系统根据电池的状态和电网的需求，合理安排电池的充放电过程，控制储能设备在电网负荷低谷时充电，在电网负荷高峰时放电，以平衡电网的供需，提高电网的稳定性和效率。能量管理系统能够实时调节储能设备的输出功率，使其与电网的需求相匹配。在微电网中，能量管理系统协调分布式能源（如太阳能、风能）和储能设备的输出，确保微电网的稳定运行和电能质量。能量管理系统还能根据不同的负荷需求和优先级，合理分配储能设备中的能量。

负荷预测与优化方面，能量管理系统利用历史数据和先进的预测算法，对未来的负荷需求进行预测，提前制定合理的能量管理策略，优化储能设备的充放电计划和功率输出。基于负荷预测和实时数据，能量管理系统通过优化算法，如模型预测控制（MPC），对储能设备和其他能源设备进行优化控制，实现能源系统的经济运行，降低能源成本，提高能源利用效率，同时满足用户的能源需求。

系统保护与安全方面，能量管理系统实时监测系统中的故障和异常情况，如短路、过载、过压、欠压等。一旦检测到故障，能量管理系统能够迅速采取保护措施，如切断电路、调整功率输出等，以防止故障扩大，保护设备和人员的安全。能量管理系统执行预设的安全策略，确保系统在各种工况下安全运行。在储能系统中，能量管理系统会根据电池的状态和安全限制，合理控制充放电过程，防止电池过充、过放等不安全情况的发生。

高级的能量管理系统甚至可以结合天气预报和电价波动

生成动态调度方案，最大化经济收益。微电网能量管理系统需支持黑启动功能，而工商业系统侧重需求侧响应。

5. 辅助系统

辅助系统的主要作用是保障储能系统的安全与效率，包括热管理系统、消防系统以及其他电气设备。对于热管理系统，高功率密度场景，如数据中心备电，多采用液冷以精准控温，户用系统多用自然冷却。在能效平衡方面，通过 PID 算法动态调节风机 / 泵速，降低能耗。消防系统一般采用多级防护策略，电芯级的气溶胶灭火装置与舱级全氟己酮喷淋相结合。VOC 传感器检测电解液泄漏，提前预警热失控。

三、电化学储能发展历程

电化学储能技术的发展经历了技术迭代、规模化应用、政策规范、多元化技术成熟等阶段性特征，并且呈现技术不断突破创新、性能不断提升、行业依然高速发展的态势。

早期探索阶段：电化学储能技术的萌芽是从早期的电池技术开始的，如铅酸电池等为电化学储能的发展奠定了基础，但当时主要应用于小型设备和特定领域，如应急电源等。随着对能源存储需求的增加，电化学储能技术开始初步发展，一些新型电池技术开始出现，如镍氢电池等，但其性能和应用范围十分有限。1991 年，日本制造出全球首个商用锂离子电池。由于锂离子电池的高能量密度和长循环寿命等优点，锂离子电池在消费电子领域很快得到广泛应用，为电化学储能的大规模应用提供了技术基础。21 世纪初，一些国家和地区开始在电力系统中尝试应用电化学储能技术，主要用于调频、调峰等辅助服务，但规模较小。

快速发展阶段：随着电池技术的革命性进步，在能量密度提高的同时，成本大幅下降，使得电化学储能技术在电力系统中的应用逐渐增多，主要表现在以下三个方面。一是装机量爆发，中国电化学储能装机规模从 2014 年的 132.3 兆瓦飙升至 2018 年的 1.07 吉瓦，年均增长率达 60%。二是锂电异军突起，磷酸铁锂电池凭借 3000 次以上循环寿命和秒级调频的快速响应能力，成为市场主导，在电化学储能中占比超 88%。三是主要国家纷纷推出扶持政策，德国、日本等推动储能参与电力辅助服务市场，中国发展和改革委员会于 2017 年出台首批储能支持政策。

技术创新与多元化阶段：从 2022 年开始，全球和中国的电化学储能市场均进入“百花齐放”的发展期，装机规模显著增长。磷酸铁锂电池仍然占据市场主要地位，其出货量年复合增长率超 100%。同时其他电池技术也迅速发展，超级电容电池、液流电池、钠离子电池等其他电化学储能技术进展快速，呈现出多元化发展的趋势。此外，行业内各方积极布局前沿技术，如固态锂离子电池和钠离子电池等长寿命、低成本、高安全的技术，同时储能系统的智能化管理也成为发展重点，通过大数据和人工智能等技术优化运行维护、故障预警和赢利模式。储能新技术得到了普遍应用，尤其是在新能源车、电网调频、用户侧储能等领域。

标准化发展阶段：随着政策和标准的逐步完善，电化学储能标准体系将涵盖从设计、设备到施工验收的全过程，进一步推动行业发展。未来，固态锂离子电池和钠离子电池等技术将成为储能电池发展的重点。电化学储能技术标准开始形成。

电化学储能技术标准体系逐步完善，涵盖研制、设计、生产、测试、维护、监控等多个方面。例如,《电力储能用电池管理系统》（GB/T 34131—2023）和《电化学储能系统储能变流器技术规范》（GB/T 34120—2017）等标准已经发布，为储能系统的正常工作、技术要求、试验方法和检验规则提供了明确指导。

国家标准如 GB/T 51048—2014《电化学储能电站设计规范》和 GB/T 41114—2024《电化学储能电站检修试验规程》等，为电化学储能电站的设计、检修和运行提供了规范。此外，行业标准如 T/CIAPS 0016—2022《储能用锂离子电池系统安全评测技术规范》也在不断完善。

地方标准如陕西省的《电化学储能电站安全风险评估规范》和江苏省镇江市的《用户侧电化学储能电站安全设施“三同时”管理规范》等，进一步细化了储能电站的安全管理要求。同时，中国化学与物理电源行业协会也在推动行业标准化进程。

国际标准《电化学储能系统的安全要求》和《电气储能系统——单元测试和参数测量》等，为我国储能标准的制定提供了参考。通过与国际标准的协调，我国在储能领域的标准化水平不断提升。

第二节 电池技术发展

作为电化学储能系统的核心组件，电池的主要构成部分包括电极材料、电解质、隔膜、集流体和其他辅助部件。这些部分在电池的充放电过程中各自发挥着重要作用，共同决定了电池的性能、寿命和安全性。

电极材料是电池的核心组成部分，其性能决定了电池的性能和寿命，电极材料的选择和优化是提高电池性能的关键。正极材料通常具有较高的氧化还原电位，能够储存和释放大量的电子。常见的正极材料包括锂金属、锂钴氧化物、锂锰氧化物等。负极材料通常具有较低的氧化还原电位，能够储存和释放大量的电子。常见的负极材料包括石墨、硅、锂金属等。

电解质在电池中起着传输离子的作用，是电池内部离子传输的介质。电解质的性能直接影响电池的内阻和离子传输效率。液态电解质具有良好的离子导电性，但存在泄漏和安全性问题。固态电解质具有较高的机械强度和安全性，但离子导电性相对较差。聚合物电解质结合了液态和固态电解质的优点，具有良好的机械性能和离子导电性。

顾名思义，隔膜发挥着隔离正负极、防止短路、让离子通过的功能。隔膜的性能直接影响电池的安全性和离子传输效率。多孔隔膜具有良好的透气性和离子传输性，但机械强度较低。陶瓷隔膜具有较高的机械强度和热稳定性，但离子传输性较差。复合隔膜结合了多孔和陶瓷隔膜的优点，具有良好的机械性能和离子传输性。

集流体用于收集和传导电流，是电池内部电流传输的重要组成部分。集流体的性能直接影响电池的内阻和电流收集效率。锂电池中常用的集流体有铜材质和铝材质，这些金属都有良好的导电性和机械性能。铜广泛用于锂离子电池的负极集流体，铝广泛用于锂离子电池的正极集流体。其他集流体还包括碳纤维、石墨烯等新型材料，具有更高的导电性和机械强度。

除了上述主要部件，电池还包括一些辅助部件，这些部件共同保证了电池的正常运行和性能。如电池管理系统，用于监控和管理电池的充放电过程，确保电池的安全和性能；外壳用于保护电池内部组件，防止外界环境对电池的影响；连接件用于连接电池的各个部分，确保电流的正常传输；密封件用于防止电池内部液体泄漏，保证电池的安全性；液流电池的双极板，主要作用是导电、分隔电解液通道。

一、几种主流电池

1. 铅蓄电池

铅蓄电池也称为铅酸电池，是一种常见的可充电电池类型，其工作原理基于铅和硫酸之间的化学反应。它主要由正负两极构成，其中铅蓄电池的正极端通常由二氧化铅制成，而负极端则是纯铅。这两块电极板被浸泡在稀硫酸中，形成电解质溶液。当电池放电时，正负极板上的化学物质发生反应，产生电流。而在充电过程中，则通过外部电源逆转这一化学反应过程，将电能转化为化学能存储起来。

随着时间推移，铅蓄电池关键技术逐步取得突破，并带来积极影响。

1881 年，德国工程师埃米尔·福尔发明涂膏式极板技术，将氧化铅膏涂覆于铅栅格。此技术激活了电池产业化进程，使其开始实现工业化量产，单位生产成本下降 80%，产能提升 500%。至 1895 年，全球年产量突破 10 万支。它还推动了电气化铁路建设浪潮，1910 年西伯利亚铁路全线电气化。

1957 年，美国盖茨公司研发出首款阀控式铅酸电池（VRLA），采用玻璃纤维隔膜，解决酸液分层问题，实现密封免维护，酸雾泄漏降低 95%，使铅酸电池进入数据中心核心供电体系，首次应用于阿波罗登月计划备用电源。

2004 年，美国艾克松动力公司（Axion Power）发明铅碳电池，在负极添加碳材料，使电池充放电效率提升，循环寿命从 500 次提升至 3000 次，突破可再生能源领域应用瓶颈。

铅蓄电池的优点是成本低，技术成熟，安全性高，适用于大容量储能。缺点是能量密度低，循环寿命短，环境污染较大。其在一些对成本敏感、对性能要求不高的储能场景中仍有应用，但随着环保要求提高和性能更优的电池技术发展，其市场份额逐渐缩小。代表性应用是通信基站备用电源、小型储能电站等。

中国湖州长兴综合智慧零碳电厂“和平共储”项目是目前世界上规模最大的铅炭储能项目，该项目设计的装机规模是功率 104 千瓦，储能容量是 106 万度电。其采用太湖能谷的“数智”储能技术，使用长兴本土生产的铅碳电池，以及太湖能谷全生命周期数字能源管理系统，以“储能 + 负荷资源”

模式，高度聚合分布式资源，打造城市“能源之芯”。

2. 锂离子电池

锂离子电池凭借其高能量密度、长循环寿命和良好的充放电性能，成为电化学储能领域的主流选择，还广泛应用于消费电子、电动汽车领域，在航空航天和医疗设备等多个领域也有应用。锂离子电池是典型的“摇椅式电池”，通过锂离子在正负极间的可逆嵌入和脱嵌完成充放电。充电时，电子通过外电路从负极流向正极，锂离子则在电池内部从钴酸锂正极流向石墨负极；放电时，电子从正极通过外电路流向负极，锂离子则从负极流向正极。见图 6–2。

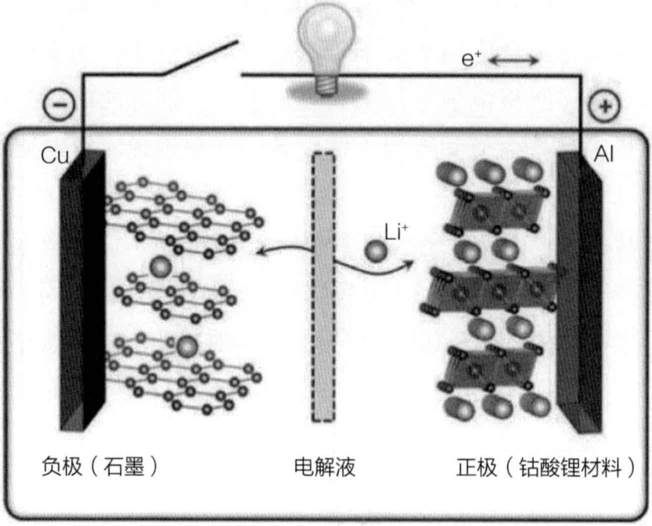

图 6–2　锂离子电池原理图

这种电池的优点很多，包括：能量密度高，通常在

150~300 瓦时 / 千克，能够在较小的体积内存储大量的电能，循环后容量保持率 81.5%；循环寿命长，一般可达 1000~5000 次，具体取决于电池类型和使用条件；支持快充快放，能够在短时间内完成放电和充电过程；自放电率低，通常在每月 1% 以下，能够在长时间存储后仍保持较高的电量；无记忆效应，可以在部分充电状态下使用，不会影响电池的寿命和性能；工作温度范围宽，能够在较宽的温度范围内工作，适应不同环境条件。

但锂离子电池也存在一些缺点与风险。一是存在安全风险，液态电解质易燃，高温和短路易导致热失控，尤其在高温环境下。二是低温性能较差，温度过低时充放电性能受影响。

锂电池广泛应用于多个领域。对消费电子，如手机、笔记本电脑、平板电脑等便携式电子设备，锂电池的高能量密度和长循环寿命使其成为这些设备的理想选择。锂电池是电动汽车的主要动力来源，可提供高能量密度和长续航里程，支持快速充电，满足现代交通的需求。与此同时，锂电池在电网储能、太阳能储能和风能储能等系统中应用广泛，用于平衡电力供需，提高能源利用效率。锂电池在军事设备和航空领域也有应用，如无人机、卫星和军事通信设备，提供可靠的电力支持。

3. 液流电池

液流电池的基本原理是通过电解液中活性物质的氧化还原反应，实现化学能与电能的相互转换和能量存储，核心组件包括电堆、电解液、存储供给单元和控制管理单元等。其储能介质是电解质溶液，一般存储在电池外部的电解液储罐中，电池内部正负极之间由离子交换膜分隔成两个独立的反应室。充电时，外部电能驱动正极活性物质氧化（如 $Fe^{2+} \rightarrow Fe^{3+}$）和负极活性物质还原（如 $Cr^{3+} \rightarrow Cr^{2+}$），电解液中离子价态变化储能；放电时，正负极电解液流经电堆时发生逆反应，释放电能；离子交换膜允许特定载流子（如 H^+）通过以维持电荷平衡，同时阻隔正负极电解液直接混合避免副反应。见图 6–3。

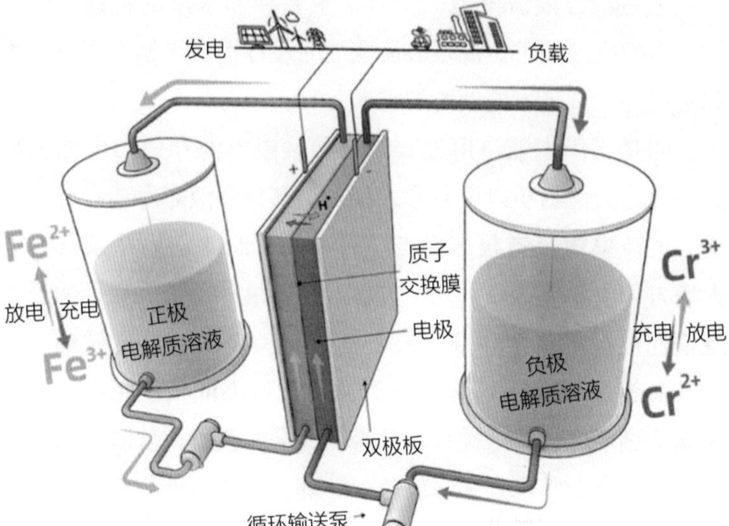

图 6–3　液流电池示意图

通常来说，液流电池壳分成如下几种。

一是水系液流电池，使用水溶性有机化合物作为电解质，具备使用寿命长、运行安全、环境友好、来源广泛等优点。其电解液由有机合成物质溶解在纯水或盐水中，具有本质安全的特点，无起火燃烧或爆炸的风险。水系液流电池使用无机盐溶液作为电解质，如铁 / 铬液流电池和锌 / 溴液流电池。这些电池具有高能量密度和多电子转移的特点，但成本较高。

二是非水系液流电池，利用非水溶剂（如乙腈）作为溶剂，可以达到较高的电压（如 2.60 伏）。非水系液流电池的研究在最近几年取得了显著进展，但受限于活性物质在有机溶剂中的溶解度，能量密度较低。

三是混合液流电池，结合了水系和非水系的特性，以适应特定的应用需求。混合液流电池的设计旨在平衡性能、成本和实用性，满足不同领域的需求。

四是半固态液流电池，结合了液流电池和固态电池的特点，部分活性物质以固态形式存在，部分以液态形式存在。

液流电池具有很多优点。它在长时储能应用场景具有极大潜力，主要包括以下几个方面：高容量和可扩展性，适合大规模储能应用；循环寿命长，超过 10 000 次充放电循环，日历寿命超过 15 年；环境适应性强，适应不同气候条件，包括极端冷热环境；安全性高，无潜在的爆炸或着火危险；响应速度快，适合电网调频和峰值负荷管理；自放电低，提高储能效率；维护成本低，操作成本低，易于回收和再利用；环境友好，电解液成分无害，对环境影响小；灵活性高，功率和容量设计独立，灵活部署；成本呈下降趋势，技术进步和规模化生产降低成本。

当然，液流电池也有一些不足，包括能量密度低，商业化程度最高的全钒液流电池能量密度仅为 15~50 瓦时 / 升；使用时依赖电解液储罐体积，储能空间占用大；电解液循环能耗导致系统效率降低 5%~10%。除此之外，锌基体系液流电池还存在枝晶和析氢反应。

中国科学院大连化学物理研究所李先锋研究员团队开发了一种具有内在微孔结构的磺化聚醚醚酮（SPEEK）膜，这种膜材料在提高离子传导性的同时，保持了对活性物质的高选择性，通过将三环结构的三苯基引入 PEEK 主链中，形成了具有高度互联的亚纳米级水通道，这些通道不仅加速了电荷平衡离子的传输，还提升了液流电池的能量效率和操作稳定性。

2022 年 10 月，当时全球容量最大、功率最大的百兆瓦级液流电池储能调峰电站——大连液流电池储能调峰电站项目一期工程并网，标志着我国液流电池技术进入商业化阶段。该项目采用国内自主研发的全钒液流电池储能技术，总规划 200 兆瓦 /800 兆瓦时，一期工程并网规模为 100 兆瓦 /400 兆瓦时，由李先锋团队提供技术支撑。

2024 年 12 月，由国家安徽省电力有限公司淮南供电公司、中国科学技术大学、复旦大学、江苏理工学院共同研发的兆瓦时级水系钠离子电池在安徽省淮南市实现工业化生产，产能规模为 500 千瓦 /1 兆瓦时。

4. 钠离子电池

钠离子电池是利用钠离子在正负极之间的流动来实现电能与化学能的转化，工作原理与锂离子电池类似，基于“摇椅式”机理，通过钠离子在正负极间流动实现充放电。

钠离子电池有诸多优点。

一是性价比高。与锂离子电池相比，钠离子电池的生产成本更低，钠的获取成本远低于锂，并且，钠在低电位下不会与铝产生合金化反应，因此钠离子电池正负极均可以采用更低成本的铝箔作为集流体，与锂离子电池相比具有成本优势。

二是安全性好。钠离子电池的材料稳定性更高，更安全，尤其是在高温环境下表现出更可靠的性能，可放电至 0 伏，无短路风险，降低了火灾和爆炸的风险。

三是环境友好。钠离子电池在生产过程中对环境的影响较小，有助于实现绿色可持续发展。

四是工作温度范围宽。钠离子电池可以忍耐 120℃的温差，即可在 –40℃至 80℃正常工作，–20℃时电池的容量仍保持接近 90%；而磷酸铁锂电池和铅酸电池在 –20℃时仅能达到 70% 和 48% 的性能。

五是倍率性能优异。钠离子电池具有更高的电解液电导率，充电速度更快，宁德时代的第一代钠离子电池在常温下充电 15 分钟即可达到 80% 的电量，中科海钠制造的钠离子电池能够在 12 分钟充电至 90%，充电速度高于锂离子电池和铅酸电池。

但钠离子同样存在一些缺点：能量密度相对较低，与锂离子电池相比还有一定差距；循环寿命有待提高，目前的循环寿命还不能满足一些长寿命储能应用的需求；产业化进程较慢，技术成熟度相对较低。

钠离子电池适合用于对成本敏感、对能量密度要求不是特别高的储能领域，如分布式储能、备用电源等，特别是在低温地区具有一定的优势。未来随着技术突破和产业化发展，钠离子电池应用前景广阔。2024 年 5 月，在国家重点研发计划"百兆瓦时级钠离子电池储能技术"项目的支持下，广西电网公司联合南网储能公司、中国科学院物理研究所、中科海钠科技有限责任公司等多家单位联合攻关，打造全球首个 10 兆瓦时钠离子电池电网侧储能电站，在广西南宁正式投运，这是我国钠离子电池技术首次实现规模化应用。

5. 全固态电池

固态电池的研究路线主要包括凝聚态、氧化物、硫化物和氟化物。全固态电池通过锂离子等在固态电解质中的迁移来实现充放电。放电时，锂离子在固态电解质中从负极向正极迁移，电子则从正极通过外电路流向负极；充电时，锂离子从正极向负极迁移，同时电子通过外电路从负极流向正极。

全固态电池的优点，一是安全性高，固态电解质不易发生泄漏、燃烧等安全隐患；二是能量密度有较大提升潜力，可采用高比容量的电极材料和高电压的电解质体系；三是宽温性能好，能在较宽的温度范围内保持较好的性能。

全固态电池的缺点同样显著。目前，此类电池仍处于研发阶段，技术成熟度较低；离子电导率有待提高，以满足快速充放电的需求；界面稳定性差，电极与固态电解质之间的界面容易出现不稳定。

全固态电池在新能源车领域应用前景十分广阔，被视为下一代电池。此外，在便携式电子设备、航空航天等领域也有潜在的应用价值。2024 年 12 月 4 日，中国石油天然气股份有限公司华北油田分公司第三采油厂王三站成功并网投运了首座 100 千瓦 /124 千瓦时固态电池储能电站。这座固态电池储能电站采用了聚合物电解质固态电池储能技术，具有显著的优势。首先，其能量密度高达 280 瓦时 / 千克，相较于传统电池技术，提供了更高的能量存储效率。其次，储能电芯经过严格的穿刺、枪击测试，展现出卓越的安全性能，不爆炸不燃烧，为电站的稳定运行提供了有力保障。此外，该电站在极端环境下也能保持正常运行，即便是在 -40℃的严寒中，也能确保电力供应的连续性。

二、电池发展趋势

电池行业作为现代能源体系的重要组成部分，正迎来前所未有的发展机遇。随着电动汽车市场的爆发式增长、储能需求的不断增加以及消费电子产品的更新换代，电池行业正快速发展。未来，电池行业将通过新材料研发、新结构设计、新工艺应用，不断提升电池的性能，同时注重环保和可持续发展，推动电池技术固态化、集成化、智能化、绿色化发展。

1. 新材料研发：驱动能量密度与安全性的双重突破

2024 年 8 月，中国科学院青岛能源所宣布新开发出了高容量硫化物复合正极材料，能量密度是三元正极的 5 倍以上，主要采用磷修饰碳纳米管包覆。宁德时代采用硫化物固态电解质的固态电池，正极高镍三元克容量发挥可达 230 毫安时 / 克，实现 5 毫安时 / 平方厘米超高面容量。日本 TDK 开发的固态电解质材料能量密度达 1000 瓦时 / 升，较传统电池提升百倍，已应用于小型电子设备。哥伦比亚大学通过硼氮化物（BN）纳米涂层稳定电解质，让电池更加稳定可靠，短路风险更低。通过不断的技术突破、逐渐完善的产业链及合适的政策支持，固态电池将在未来几年内实现商业化量产。

如今，高容量正负极材料技术发展取得突破。在硅基负极材料方面，西安交通大学开发出多层硅 / 碳复合结构的硅基负极，缓解硅体积膨胀问题，循环稳定性提升。加拿大阿尔伯塔大学通过纳米硅颗粒技术实现了 10 倍于传统石墨的容量。在高镍正极与有机材料方面，南开大学研发的环己酮正极材料放电比容量达 902 毫安时 / 克，突破了传统无机材料限制。层状金属氧化物中氧气扩散机制的发现，为高稳定性正极设计提供了新思路。

此外，新型电解质与复合体系也得到较大发展。伊利诺伊大学香槟分校采用卤素转化插入化学开发水基全电池，能量密度达 460 瓦时 / 千克。韩国汉阳大学利用无定形 Al_2O_3 改善石墨润湿性，提升快充性能。

2. 新结构设计：从宏观集成到微观优化

模组集成化与无模组技术：如今，比亚迪刀片电池和宁德时代麒麟电池通过电芯直接集成至电池包，能量密度分别提升 10% 和 255 瓦时 / 千克。特斯拉 CTC 技术将电芯嵌入车身底盘，减重 10% 并降低成本 7%。而中创新航的 U 型结构电池通过缩短电流路径降低内阻 50%，支持 6C 快充，能量密度达 300 瓦时 / 千克（NMC 体系）。

微观结构创新：康奈尔大学设计的旋涡状 Gyroid 结构电池，利用纳米级孔隙提升功率密度，实现秒级充电。查尔姆斯理工大学的结构电池将碳纤维同时作为电极和承重部件，刚度达 25 吉帕，能量密度 24 瓦时 / 千克，为电动汽车轻量化提供新方案。

多功能集成设计：哥伦比亚大学受脊椎启发的柔性电池单元组合设计，能量密度达传统锂电的 85%，适用于可穿戴设备。麻省理工学院的“太阳在盒子里”系统利用熔融硅储能与光能转化，实现低成本可再生能源存储。

3. 新工艺应用：效率提升与成本优化的双轨并行

干法电极技术：赢合科技第三代干法工艺整合纤维化与成膜，减少溶剂使用并节约成本30%。纳科诺尔推出成型覆合一体机，实现电极膜与集流体一体化生产，已获头部企业订单。

全极耳与激光工艺：大圆柱电池采用全极耳设计，激光焊接技术提升极耳连接精度，生产效率达300PPM（未来目标），较传统工艺提升4~5倍。特斯拉4680电池通过全极耳结构降低内阻，支持4C快充。

智能制造与3D打印：柯马公司推出机器人自动化组装与AI质量监控系统，实现电芯生产良率提升。得克萨斯州立大学利用3D打印技术定制电池形状，拓展应用场景。

4. 性能提升方向：多维技术协同突破

能量密度跃升：固态电池能量密度突破300~400瓦时/千克，部分实验室成果达1000瓦时/升。硅碳负极+高镍三元体系使锂离子电池能量密度超300瓦时/千克。

超快充技术：多层电极设计（如麻省理工学院的半固态电池）支持6C充电，10分钟充至80%。哥伦比亚大学BN涂层技术提升电解液稳定性，支持高倍率充放电。

寿命与安全性：磷酸锂包覆铝箔正极（查尔姆斯结构电池）循环寿命延长至2000次以上。热管理系统结合电池管理系统算法，实现电池温度波动控制在±2℃以内，热失控风险降低90%。

5. 环保与可持续发展：全生命周期绿色闭环

回收与资源循环：RecycLiCo湿法冶金技术实现锂、钴回收率超 95%，碳排放减少 40%。山东医科大学将蟹壳转化为钠离子电池阳极，推动生物质资源利用。

绿色生产工艺： 干法电极技术减少 NMP 溶剂使用，碳排放降低 25%。卷对卷工艺与可再生能源驱动生产（如宁德时代零碳工厂）实现制造环节碳中和。

政策与产业链协同： 在政策方面，欧盟电池法规要求 2027 年锂回收率达 90%，倒逼企业布局闭环回收。而中国的“动力电池全生命周期管理”政策推动梯次利用，目标是 2025 年退役电池综合利用率超 60%。

第三节　电化学储能系统中的智能技术

电化学储能系统作为现代能源体系的重要组成部分，正通过智能化技术实现高效、安全与稳定运行。

一、储能系统中的智能技术

电化学储能系统中的智能技术，主要包括智能监测与诊断技术、智能调度与运行技术、智能巡检与维护技术、智能安全管理技术、智能运营分析技术、虚拟电厂（VPP）与数字孪生技术等。

智能监测与诊断技术主要有实时数据分析和数字孪生模型。实时数据分析是利用大数据、物联网技术实时采集电池电压、电流、温度等参数，结合 AI 算法进行异常检测与健康状态评估。数字孪生模型是通过构建高精度虚拟模型，模拟电池全生命周期状态，预测老化趋势与安全风险。

智能调度与运行技术有动态优化策略和多能互补协同。动态优化策略基于机器学习分析电网负荷、电价及新能源出力，制定充放电计划以最大化经济收益。多能互补协同可实现储能系统与风、光等能源的智慧协同控制，提升可再生能源消纳能力。

智能巡检与维护技术包含机器人巡检和预测性维护技术。机器人巡检是通过无人机和机器人完成设备自动化巡检，结合视觉识别技术检测设备缺陷。预测性维护是利用历史数据训练模型，提前识别电池性能衰减，降低非计划停机风险。

智能安全管理技术主要应用于消防联动控制和多维度预警系统。消防联动控制是集成了消防系统与电池管理系统，实现异常状态下的快速响应与隔离。多维度预警系统通过监测电池温度、绝缘阻抗等参数，实时预警热失控、起火等风险。

智能运营分析技术中，能效优化平台可通过云计算分析运行数据，优化储能系统效率并参与电力市场交易。

虚拟电厂技术可实现虚拟聚合控制，整合分布式储能资源，参与电网调频调峰。数字孪生技术用于全生命周期管理，从设计到退役阶段，优化系统参数并规划回收方案。

二、储能系统中的智能技术应用

1. 家庭储能系统中的智能技术应用

家庭储能系统通过集成光伏发电、电池储能及智能管理技术，实现能源自给自足和成本优化。其核心技术包括电池管理系统和能源优化算法。

电池管理系统：电池管理系统在实时监控与安全保护方面，可实时监测电池各项参数，防止过充、过放和过热，延长电池寿命（如 Better Tech 1020 千瓦时系统通过电池管理系统实现负载优先级管理）。而在数据优化与用户交互方面，它通过手机应用或电脑界面展示运行状态和能源利用效率，支持用户进行策略调整。

能源优化算法：电价响应策略是根据分时电价自动调整充放电时段，例如在低电价时段，消纳电能充电，高电价时段，则使用储存的电能，从而降低电费支出。可再生能源整合是结合天气预报预测太阳能发电量，动态调整储能和电网供电比例，最大化清洁能源利用率。如比亚迪 B-Box 支持离网 / 并网切换，配备 App 监控系统运行，适用于家庭光伏优化和备用电源场景；而特斯拉 Powerwall 集成太阳能储能与电网交互功能，支持 7 千瓦持续输出功率和 13.5 千瓦时容量，可在停电时提供数天电力保障，同时通过 App 实现智能调度。

2. 电网级储能系统中的智能技术应用

电网级储能系统以大规模、高响应速度和双向调节能力为核心，智能技术主要体现在：

电网调度算法：调峰调频时，通过模型预测控制（MPC）和强化学习算法，快速响应电网频率波动［如澳大利亚的霍恩斯代尔（Hornsdale）电站 140 毫秒内响应燃煤电厂脱网事故］。需求响应时，结合电价信号和负荷预测，动态分配储能资源以平衡供需。例如，中国张北风光储项目通过多目标调度算法实现风光储协同。

构网型变流器技术：虚拟惯量支撑技术的代表是，特斯拉为霍恩斯代尔电站升级构网型变流器，提供 3000 兆瓦·秒虚拟惯量，占南澳电网总需求的 50%，显著增强电网稳定性。其系统架构特点体现在：模块化设计，集装箱式储能单元支持 20 兆瓦以上规模扩展，便于整体更换和移装；多层级管理，由电池管理系统、储能变流器和能量管理系统组成，实现从电池单体到电网调度的全链路控制。

中国张北风光储示范项目则采用集成风电、光伏和储能，探索多能源协同调度与微电网自治运行。澳大利亚霍恩斯代尔电站是全球首个提供大规模虚拟惯量服务的项目，容量 193.5 兆瓦时，通过调频辅助服务，年节省电网成本超 5000 万澳元。

3. 工业储能系统中的智能技术应用

工业场景对电力稳定性和经济性要求更高，智能技术应用聚焦于：

负荷预测与优化调度：机器学习模型是基于历史用电数据和天气信息，采用随机森林、深度学习等算法预测负荷，优化充放电计划（如上海勘测设计的工商业储能调度系统预测精度达 95%）。峰谷套利是在电价低谷充电、高峰放电，降低用电成本（如珠海某工业园项目年节省电费 29%）。

设备健康管理（PHM）：故障预测与维护是通过传感器实时采集设备参数，利用 AI 分析异常模式，实现预测性维护（如山东捷瑞数字的 PHM 方案降低故障率 30%）。能效优化则是结合物联网技术动态调整冷却系统和储能设备运行状态，提升整体能效（如惠州数据中心储能项目替代传统不间断电源，减少 15% 能耗）。

典型场景包括：工厂备用电源，钢铁厂、水泥厂等高耗能企业采用飞轮储能系统，替代柴油发电机作为应急电源，响应时间低于 1 秒；数据中心储能，90 兆瓦 /180 兆瓦时储能系统为数据中心提供调峰调频服务，同时作为备用电源保障服务器不间断运行。

第四节　电化学储能系统典型案例

一、南网宝湖储能电站

南方电网储能股份有限责任公司宝湖储能电站项目是南方电网首个百兆瓦时级电网侧独立储能项目，也是全球首个浸没式液冷储能电站。项目位于广东省梅州市五华县河东工业区，规模为 70 兆瓦 /140 兆瓦时，于 2023 年 3 月正式投入商业运行。

项目采用全球首创浸没式液冷方案，将电池直接浸入冷却液，散热效率较传统风冷 / 液冷提升 50%，电池运行温升 ≤ 5℃，不同电池温差≤ 2℃，显著延长电池寿命。配备秒级数据存储技术的智能能量管理控制系统，通过智慧储能数字化运营管控平台，实现远程智能运维和运行辅助决策，显著提高储能系统的运行效率和安全性。

智能能量管理控制系统在项目中发挥了重要作用。该系统通过实时监控、智能控制和优化调度，提高能源利用效率，降低运营成本，并确保系统的安全性和可靠性。系统能够根据电网的需求和储能系统的状态，自动调整储能系统的充放电功率，实现能量的优化调度和平衡，从而提高储能系统的整体性能和经济效益。

二、浙江省用户侧储能项目

2023 年 12 月，浙江省出台了《浙江省用户侧电化学储能技术导则》，规范用户侧电化学储能项目的建设条件与容量确定、并网、储能系统、监控系统、保护通信与控制、电能计量、防雷与接地、验收与调试、消防与安全、运行维护及退役等方面的技术要求。在政策引导下，截至 2024 年年底，浙江省建成多个 10 兆瓦时用户侧储能项目，通过云边协同平台优化运行策略，降低电费成本，利用峰谷价差套利，并通过虚拟电厂技术参与电网需求响应。项目不仅在技术上实现创新，还在经济效益和环境效益上取得显著成果，为用户侧储能项目的推广和应用提供宝贵经验。

金华融海新能源有限公司用户侧储能项目（10 兆瓦 /20 兆瓦时）是浙江省容量最大的用户侧电化学储能项目之一。该项目可通过夜间和中午的谷电时段充电，尖峰电价时放电，实现储能收益率 6.67%，投资回收期 7 年。该项目为金华电网新增了 10 兆瓦的可调节负荷，助力电网削峰填谷。

海宁晶科能源有限公司用户侧储能项目（10 兆瓦 /20 兆瓦时）是浙江省目前用户侧单体最大的磷酸铁锂型储能项目，采用能量型电池组作为储能元件，降低电网的峰值负荷，有利于电网的安全运行。该项目入选浙江省新型储能示范项目。

湖州“和平共储”用户侧储能项目是世界单体最大的智慧储能电厂，规模达到 100 兆瓦 /1.06 吉瓦时，一次充满可存 106 万度电，能够满足 8 万户城镇居民一天的普通用电需求。项目通过集中共享储能电站优化区域电力系统配置，提升能源综合利用效率和可持续发展能力。

宁波万华热电用户侧储能电站（16 兆瓦 /32 兆瓦时）是浙江最大的用户侧储能项目，采用站房式布置，解决了工业园区储能对土地资源的需求难题。项目年放电量约 2000 万千瓦时，具有较强的示范性。

三、科华数能储能创新与应用典型案例

科华数能的“新疆克州构网型独立储能项目”和“宁夏宁东基地新能源共享储能电站示范项目”成功入选电化学储能行业创新与应用典型案例。它们通过智能化技术的应用，为储能行业提供宝贵的先行经验，助力能源行业新质生产力的形成，带动全行业向着更加智能、高效和安全的方向发展。

新疆克州构网型独立储能项目位于新疆克孜勒苏柯尔克孜自治州，是全球单体最大的构网型独立储能项目，也是全球磷酸铁锂电池储能路线中容量最大的构网型项目。项目总装机容量为 300 兆瓦 /1200 兆瓦时，储能时长达 4 小时，全站充电一次存储电量 1200 兆瓦时。

项目采用科华数能的构网型系统集成解决方案，具备电

压支撑能力、支撑电网的稳定控制能力，支持构网型电化学储能系统交流侧电流在 110% 额定电流下长期持续运行，实现额定电流 10 秒 3 倍短时过载能力。构网型储能能够主动识别电网情况，更精细主动地平抑电网波动，快速响应电网频率误差，控制输出实现电网的电压和频率调节。项目投运后，不仅能够为当地的风电、光伏等新能源提供有力的储能支持，还能在电力需求高峰时段为电网提供电力补充，为全球树立构网型储能示范和标杆的作用。

宁夏宁东基地新能源共享储能电站示范项目位于宁夏灵武市宁东镇东湾村境内，是全国首个百兆瓦级电力电子液冷共享储能项目，也是宁夏区域最早一批并网的大规模共享储能电站。项目规模 100 兆瓦 /200 兆瓦时，年调峰能力可达 8000 万度以上，一次充满可以储备 20 万度电。同时，项目也可为电网提供需求响应、黑启动、事故备用等多种辅助服务，对电力调峰具有重要意义。

项目采用科华数能自主研发的 S^3 液冷储能系统解决方案，方案由 1.5 千伏储能电池、智能管理系统等部件构成，具备主动安全（Safe）、智能高效（Smart）、精简灵活（Simple）三大核心优势。系统从电芯、电池 PACK、电池管理系统、集装箱系统、消防、储能电站实现全方位安全设计，最大容量可达 3.44 兆瓦时，内置直流—直流（DC–DC）变流模块实现一簇一充放，有效改善电池簇一致性差异，有效提升系统使用寿命。

第七章
电磁储能

第一节　电磁储能的应用价值

电磁储能技术是一种基于电场与磁场相互作用来实现能量存储与释放的方法。它通过精确控制电流与电压的变化，安全地将能量储存在电磁场中，并能在需要时迅速释放以应对电力需求。该技术具有快速反应能力、高功率密度以及较长的使用寿命等特点，在交通运输、电力系统及可再生能源领域得到了广泛的应用。电磁储能主要包括三种形式：超导磁储能（SMES）、电容器储能和超级电容器储能。

电磁储能技术具有快速响应能力、高转换效率、较大的比容量和比功率的特性，这些特性使其在电力系统调峰、优化能源结构、提高能源利用效率等方面发挥重要作用。下文将从交通运输、电力系统和可再生能源产业等方面阐明电磁储能的应用。

一、交通运输领域的应用

电磁储能技术在交通领域主要应用于电动汽车、混合动力汽车和城市公共交通系统等。在电动汽车方面，电磁储能技术中的超级电容器和超导储能，具有功率密度高、快速充放电的特性，能够短时间内提供大量电能，在电动汽车快速启动和制动时启动能量回收，从而提高了能源利用效率。

在混合动力汽车中，电磁储能技术可以与内燃机或燃料电池等其他能源系统配合使用，实现能源的高效管理和优化分配。例如，超级电容器因其高功率密度、高效率和长寿命的特点，可以快速响应车辆对功率的需求，提供瞬时高功率输出。

电磁储能给公共交通系统提供能源供应。在电动公交方面，电磁储能技术可以作为主要或者辅助的能源供应方式，在短时间内提供大量能量，并且可以频繁充放电循环，减少对化石燃料的依赖，并且减低对城市环境的影响。在城市轨道交通上，电磁储能技术的应用，使得传统轻轨升级为更加高效环保的储能式轻轨交通系统。这种轨道交通可以实现无供电网高效运行，降低了对电网的依赖和电力传输过程中的损耗。

二、电力系统领域的应用

超导磁储能和超级电容器储能等电磁储能技术应用在电力系统中，能够在短时间内快速充放电，从而有效调节电网的频率和电压，提高电网能力和灵活性。在新型电力系统中，电磁储能可以支撑高比例可再生能源接入和消纳，平滑电能波动，调节频率和功率，在诸如医院、工厂等场所，可以作为备用电源进行紧急供电，保障关键设施和用户在电网故障或停电情况下的电力供应。

电磁储能技术在智能电网应用方面，主要致力于让电网安全稳定地运行。电磁储能技术可以直接接入电网或配电网，并由电力调度机构执行统一调度，在调频、调相、备用等方面表现出色，能提高系统电能质量和增强暂态稳定性。

三、可再生能源产业领域的应用

可再生能源涵盖多种可持续利用的自然能源形式，如太阳能、水能、风能、生物能等，具有循环再生性、环境友好性和地理分布广泛等特点，适宜区域化开发利用。电磁储能可平滑再生能源的间歇性输出，由于风能和太阳能等可再生能源具有波动性，电磁储能技术可以在短时间内快速响应，存储过剩的能源，并在需要时释放，从而平衡电网供需。

电磁储能技术，尤其是超级电容器储能，可以应用于瞬时大功率输出的场景，能有效实现负载波动平抑和电能质量改善。在大功率直流电机启动时，电磁储能技术可以为其提供支持，在动态电压调节时可以作为核心组件，显著提升供电的可靠性与稳定性。

超级电容器储能技术还可以与锂离子电池等能量型储能系统组成混合能源系统，对新能源发电的输出功率进行快速调节，同时对输出电压进行支撑，增强新能源发电场站的低电压穿越能力。

第二节　储能领域的新秀

一、超导磁储能

超导磁储能是利用超导材料的零电阻特性来储存电磁能的一种先进储能技术，通常由超导磁体、低温系统、变流器、监控系统和保护系统等部件组成。

超导磁体是超导磁储能系统的主要储能元件，由超导材料制成的线圈能够在无电阻状态下承载大电流，实现高效率的电磁能存储。超导磁体的设计通常有单螺管、多螺管或环形结构，以适应不同的应用需求。

超导磁体处于超导态时所需的低温环境是由低温系统维持的。常规的低温超导磁体通常采用液氮或液氦来作为冷却介质，而在大型超导磁体的应用中，则更倾向于采用超流氦冷却技术来提高冷却效能。为优化系统性能，低温系统需采用闭合循环，并设置制冷机组将蒸发的低温液体回收循环，这种设计在显著提升冷却效率的同时，降低了运行的成本。

变流器是超导磁体与电网之间实现有功功率和无功功率交换的关键，它的拓扑结构分为电压型（VSC）和电流型（CSC）两种。超导磁储能系统通过变流器的调控，可以实现有功功率和无功功率在四象限的独立解耦控制。

监控系统负责实时监测超导磁储能系统的运行状态，包括电流、磁场强度、温度等关键参数，并根据电力系统的功率补偿需求，指导变流器进行相应的功率调节。

保护系统则是在电流、磁场强度和温度等参数超出预设阈值时，迅速触发保护机制，防止超导态失超，保护超导磁体的安全。

超导磁储能的基本原理是基于超导体的迈斯纳效应与完全抗磁性。超导体被冷却到其温度阈值以下时，会进入超导状态，此时其电阻降为零，电流在超导体中能无消耗地流动。通过在超导线圈中产生电流，其可以建立一个强大的磁场，从而将电能转化为磁能储存起来。当需要释放能量时，通过断开超导回路，电流会在线圈中产生一个与原来方向相反的电动势，释放出储存的磁能。超导磁储能系统具有极速响应、高转换效率和高功率密度等优势，其响应速度可以达到毫秒级，功率密度可以达到 104~105 千瓦 / 千克，转换效率可以达到 90% 以上。

按照线圈材料分类，超导磁储能可分为低温超导磁储能和高温超导磁储能。低温超导磁储能系统需要将设备冷却至 –264℃（9.2K）以维持超导状态，而高温超导磁储能系统则使用氧化物超导材料，其冷却温度相对较低，通常在 –163℃（11K）左右。高温超导磁储能系统因其较低的冷却成本和较高的技术成熟度，近年来得到较快的发展。

超导磁储能广泛应用于电力系统。在电网调峰方面，它可以在负荷低谷期存储过剩电能，在用电高峰期释放储存能量，起到优化电力资源配置的作用。在调节系统稳定性方面，超导磁储能可以抑制甚至消除电网的低频振荡，改善电压和频率特性，增强电力系统的动态稳定性。此外，超导磁储能可以调节无功和功率因数，提升电网供电质量。在新能源电力系统中，超导磁储能可以平抑新能源发电时的波动，提高电力系统对能源的接纳能力。在自动发电控制（AGC）系统中，超导磁储能可以最小化区域控制误差，优化发电调度。在配电系统中，超导磁储能可以在负荷侧削峰填谷、提高瞬态稳定性和改善功率因数。

超导磁储能在特殊应用场景也具有重要作用。例如，在海岛供电系统中，超导磁储能可以为独立供电系统进行负荷调节；可以为大型电机的启动、焊接、电弧炉等波动负荷提供功率补偿；也可用作太阳能和风力电站的储能，为发电系统平滑功率输出，并提供备用功率和控制。

值得注意的是，在实际应用中，超导磁储能也面临着一些挑战和限制。超导材料和低温冷却系统的价格昂贵，这使得超导磁储能系统的初期投资成本较高。为了维持超导状态，超导磁储能系统需要持续的低温冷却，这增加了系统的运行成本。目前超导磁储能系统的规模相对较小，大规模应用还需进一步技术突破，并且强烈的电磁场可能对健康和环境产生负面影响，目前科研人员也正在努力解决这一问题。

尽管如此，超导磁储能依旧具有广阔的发展前景。随着新材料，如高温超导材料的不断研发，未来有望在更高的温度下实现超导现象，这将显著降低制冷成本，提升系统效率。随着生产规模的扩大和制造工艺的改进，超导材料和相关设备的成本将会逐步降低，使得超导磁储能更具市场竞争力，在智能电网和新能源领域的应用更广泛。

二、电容器储能

电容器储能是一种利用电容器在电场中储存能量的技术。电容器是一种电子元件，它由两个金属板和中间的绝缘材料（称为电介质）组成。电容器储能技术的原理基于电荷在电容器极板上的分离与积累。当电容器接入电路并充电时，电源推动电子向阳极移动，形成负电荷，同时阴极吸引来自电源的正电荷。这个过程在两个极板之间产生电场，电荷的积累导致电位差的增加，直到达到电源电压。

电容器储能具有诸多优势。首先它的寿命长且循环次数多，这意味着在使用过程中，电容器储能设备能够保持稳定的性能，无须频繁更换，降低了维护成本和使用风险。其次电容器储能的充放电时间和响应速度都很快，在应对突发的电力需求高峰时，能够迅速释放能量，保持电力系统稳定运行。最后电容器储能的运行温度范围广，能适应各种恶劣的环境，从而为用电设备提供稳定的能源。

然而，传统电容器的能量密度比较低，每单位体积或重量所能储蓄的能量低于电池，这限制了其在大规模储能领域的应用。为了提高能量密度，研究者开发出超级电容器，它通过使用特殊的电极材料和电解质，实现比传统电容器更高的能量存储能力，在电动汽车、可再生能源系统和电力系统中得到广泛应用。

第三节 什么是超级电容器

一、超级电容器概述

超级电容器（Supercapacitors），也称为电化学电容器或超级电容，是一种介于充电电池与传统电容器之间的新型储能元件，具有循环寿命长、充电耗时短、功率密度和能量密度高、工作温度范围宽、安全可靠等优点。

按照储能原理的不同，超级电容器分为双层超级电容器、赝电容器和混合型超级电容器三类。

双层超级电容器（Electrical Double-Layer Capacitor，EDLC），超级电容器的主流类型，主要是利用电极和电解液之间形成的双层电容器进行能量储存。充电时，电极表面会吸附来自电解液的正负离子，形成严密的双电层，并生成极高的电场进行能量存储；放电时，两极极板降低电位差，正负离子重新回到电解液中，实现能量释放，具有很高的功率密度和循环稳定性。

赝电容器（Pseudocapacitance），又称为法拉第赝电容器或法拉第准电容器，是指电极活性物质在电极表面进行欠电位沉积，发生氧化还原反应或化学吸附和脱附，从而产生电容器。赝电容器有两种电荷存储方式，一是通过双电层存储，二是电极活性物质中电解液里的离子产生快速可逆的氧化还原反应进行存储。

混合型超级电容器（Hybrid Supercapacitor），指在一个器件中采用两种不同类型的电极材料，使其同时具有双层超级电容器和赝电容器的优点，具有高能量密度和高功率密度的双重优势。

二、超级电容器的关键材料

超级电容器由电极材料、电解液、集流体和隔膜四个部分组成，其中，电极材料的性能决定着超级电容器的性能，电解质材料对超级电容器的性能有重大影响。

1. 电极材料

电极材料是超级电容器存储能量的关键，其比表面积、孔隙结构、化学稳定性和导电性是影响超级电容器性能的主要因素。根据不同的储能机制，电极材料可以分为四种类型，分别为碳基材料、金属氧化物、导电聚合物和混合型材料。类别不同的电极材料根据其特点适用于不同的应用场景，因此要依据不同情况选择合适的电极材料，才能将超级电容器的性能优化至最大。碳基材料中的活性炭、碳纳米管、石墨烯以及一些具有赝电容器特性的金属氧化物和导电聚合物为目前主流的电极材料。

活性炭是一种多孔结构的碳材料，比表面积很高，优质的活性炭比表面积可达到3000平方米/克以上，可以在超级电容器中提供大量的电荷存储位点，是最早使用的电极材料之一。制备活性炭的方法多样，主要为化学活化与物理活化，其中化学活化是指使用氢氧化钾（KOH）、氯化锌（$ZnCl_2$）等化学物质作为活化剂，而物理活化剂则常用蒸汽或二氧化碳（CO_2）。

碳纳米管（Carbon Nanotubes，CNTs）又称为巴基管，是一种由单层或多层石墨烯卷曲形成特殊结构的一维纳米材料，有极高的长径比和极佳的导电性能。作为超级电容器的电极材料时，碳纳米管的管状结构提供了优良的电荷传输通道，有利于电解液的渗透和吸附。

碳纳米管的制备方法主要有三种。第一种是化学气相沉积（CVD），即通过化学反应在催化剂表面生长碳纳米管；第二种是电弧放电，指在电极间产生电弧，蒸发碳源材料形成碳纳米管；第三种是激光烧蚀，主要是用激光烧蚀含碳靶材，在气体环境中形成碳纳米管。

石墨烯是由单层碳原子以 sp^2 杂化形成的六角蜂窝状平面薄膜的二维材料，是碳的一种同素异形体。与其他电极材料相比，石墨烯的电子迁移率和热导率极高，其理论比表面积可达 2630 平方米 / 克，具有高柔韧性、高导电性和高透光性的特点，是目前已知最薄的纳米材料。

制备石墨烯主要有机械剥离法、液相剥离法、化学气相沉积和氧化还原法四种方法。其中，化学气相沉积法可以制备大面积的石墨烯薄膜，更适合工业化生产，被普遍选用。由于每种材料单一使用会有局限性，在实际制备中会将活性炭、碳纳米管和石墨烯进行复合，从而达到更优异的储能性能。

具有赝电容器特性的金属氧化物与上述的碳基材料不同，它并非通过双层电容器机制，而是通过快速的表面或近表面氧化还原反应来储存能量。这类材料具备高比电容、快速充放电和循环稳定的特性，是极重要的一种超级电容电极材料。

最有名的赝电容器材料之一是二氧化钌（RuO_2），它在酸性电解质中理论比电容可达 720 法拉 / 克，导电性能优良且循环稳定，但它作为一种在地壳内含量极为稀有的过渡金属，价格十分高昂，从而难以大规模应用。

还有一种赝电容器材料是二氧化锰（MnO_2）。与二氧化钌相比，资源丰富的二氧化锰成本低廉且环境友好，并且具有多种晶型，能够提供较高的比电容，是目前应用较广泛的电极材料。

2. 电解质材料

电解质在超级电容器中提供离子，这些离子会在电极和电解质的界面上形成双电层，对电荷进行存储，对电容器的整体性能和寿命有直接影响。功率密度、能量密度和循环稳定性是超级电容器性能的关键因素，而电解质的电导率、稳定性和电化学窗口等特点对其有直接影响，因此选择合适的电解质对于优化超级电容器性能至关重要。目前，超级电容器的电解质类别主要有水系电解质、有机电解质、离子液体电解质、固态电解质和凝胶电解质等。

电解质材料要求：高离子电导率，以减小超级电容的内阻，提升电池的充放电速度；宽电化学窗口，以适应不同电压下的电极材料，避免电解质被氧化或还原而分解；高化学和电化学稳定性，以抵抗电极材料在充放电过程中发生的化学反应，避免性能退化；优异的机械性能，以充分满足电池因充放电时产生的体积变化，以防电解质与电极界面的接触失效；电解质中的离子尺寸需与电极材料的孔径匹配（仅针对电化学双电层电容器），确保有效的离子扩散和电荷储存；安全性和环境友好，尽可能选择不易燃的、无毒或低毒电解质，对人体和环境友好。

水系电解质因其成本低、安全性高和环境友好而获得广泛关注。由于水分子在电化学窗口中的分解会限制水系电解质的应用，研究人员开发了使用超浓缩盐电解质、浓缩稀释剂、聚合物添加剂等方法，来拓宽水系电解质的电化学稳定窗口。

有机电解质与水系电解质相比，拥有更高的电导率和更大的电化学窗口，它的操作窗口在 2.2~2.7 伏，目前主导着商用储能市场。有机电解质包括酯类、醚类和酮类等，如碳酸乙烯酯（EC）、碳酸二甲酯（DMC）等，它们通常用于较高电压的应用。选择适当的电解质盐和溶剂，可以优化有机电解质的性能，如使用碳酸酯类溶剂和四烷基铵盐可以提高电解质的离子电导率。而这些物质的使用带来了毒性和环境安全问题，因此开发生物可降解或低毒性的有机电解质是当前研究的热点之一。

离子液体电解质是一种在室温或接近室温时呈现液态的熔融盐（凝胶），由阳离子与阴离子共同组成。相比于传统的有机溶剂或水溶液电解质，离子液体具有低毒性、低易燃性、低蒸气压、高热稳定性和宽电化学窗口的特点。高化学稳定性的离子液体允许在高达 5 伏的电势窗下工作，但也存在不足之处，如离子液体的高黏度可能会阻碍其在室温下的电池循环性能，电解质会出现锂运输缓慢的问题。常见的离子液体有咪唑盐类、吡啶盐类、铵盐类、磷酸盐类、硫脲类。

固态电解质是一类不含液体的电解质材料，通常由聚合物或无机材料构成，可以传导离子以实现电荷的存储和释放。固态电解质为超级电容器提供了高安全性、长寿命值和优良的柔性。固态电解质通常有两大类：无机固态电解质和聚合物电解质。无机固态电解质通常是玻璃状或陶瓷材料，这类材料常常具有高电导率和优异的化学稳定性。聚合物电解质有固态聚合物电解质与凝胶聚合物电解质，也可以是纯聚合物或者聚合物与液态电解质混合而成的复合材料，如聚乙烯醇（PVA）、聚环氧乙烷（PEO）、聚苯并咪唑（PBI）等。

凝胶电解质（Gel Electrolyte）是一种介于传统液态电解质和固态电解质之间的材料，通常由聚合物基质和液体电解质组成，形成一种具有三维网络结构的半固态物质，这样的特质使凝胶电解质同时具备液态电解质良好的离子导电性和固态电解质的安全与机械稳定性。

凝胶电解质与其他电解质相比，有其独特优势。凝胶电解质的半固态特性比液态电解质更稳定，不易发生泄漏，也因此减少因电解质泄漏而引发的火灾危险。半固态的特性也使凝胶电解质能够与电极材料形成良好的界面接触，降低界面阻抗。

三、超级电容器的应用领域

超级电容器作为一种新型储能技术，凭借独特的优越性在多个领域得到广泛应用。其中，交通、工业与消费电子三个领域的超级电容器应用最有价值。

1. 交通领域

与电化学电池（如铅酸电池、锂离子电池）相比，超级电容器的寿命极长且无须维护，故其在电动汽车领域的应用所带来的总费用，相较于传统电化学电池驱动的电动汽车显著降低。超级电容器在汽车领域主要应用于启停系统、能量回收和辅助驱动。

在车辆启动和加速时，超级电容器能够提供瞬时的大功率输出，提高车辆响应速度和加速性能。尤其是对于使用蓄电池的混合电动汽车，超级电容器可以在加速和爬坡的场合补充功率。

汽车在减速与停止的过程中，电动机能转换为发电机模式，使动能与电能相转化，从而把转化来的电能回收储存入超级电容器之中。这一过程称为再生制动，能够显著提高能源利用效率，延长续航里程。

超级电容器能和蓄电池并联，成为汽车的辅助电源，极大弥补了蓄电池功率有限的不足。当汽车在正常行驶过程时，超级电容器将保持充电状态；当汽车进入加速状态或是载重爬坡时，超级电容器将会大功率放电，待到制动时则用高功率充电吸收制动过程中所产生的能量。

超级电容器还有一个优点，它可以减少对主电池的负载，延长电池使用寿命。因为超级电容器具有高比功率和低内阻的特点，它可以短时间里提供大量电流，减轻电池负担，并且还能够在电池电压过低时紧急供电，保障车辆安全行驶。

超级电容器在城市轨道交通领域中主要应用于有轨电车、储能式有轨电车、地铁制动能量回收、内燃机辅助启动、景区游览列车、混合动力动车组以及间歇式供电等多个方面，具有储能、能量回收与发动机启动三大功能。

展开来讲，超级电容器可以作为储能式有轨电车的供电电源，提高电车的能源利用率。在轨道交通车辆制动过程产生大量能量时，超级电容器能够有效地回收这些能量，并在启动与加速车辆时将能量释放出来，使能量得以循环利用。而在车辆需要快速启动时，超级电容器能提供瞬时大电流，助力内燃机顺利启动，这一点也适用于短途或是需要频繁启动的景区游览车，能改善/优化乘客的乘车体验。在一些特定情况下，例如地铁站台或隧道内，超级电容器还可以维持电压稳定，避免因电阻发热导致的问题。除了轨道交通，超级电容器还应用于公交车，它使得公交车可以在极端温度下使用，并且具有环境友好、充电快、使用寿命长的优点。

2. 工业领域

超级电容器应用在工业领域具有显著优势。在港口机械与采掘装备方面，超级电容器通过与电池混合动力系统的结合，在轮胎式集装箱门式起重机（RTG）和港口牵引车上，可以回收起重机在制动和下降操作中产生的能量，有效节约燃料并减少排放。在挖掘机施工过程需要大输出功率时，超级电容器与柴油机可联合使用来提供额外的大功率支持。

在风电场中，使用超级电容器作为混合储能系统具有显著的优势。超级电容器的响应速度快，能够迅速平抑风电场中的短期功率波动，并且它的运行寿命长达20年，循环次数多，能极大减少维护和更换成本。超级电容器储能系统与有功功率和无功功率的解耦控制策略相结合，还能平抑风电场输出有功功率和无功功率的波动，使风电场输出母线电压趋于平稳状态，这不仅提高了系统的稳定性，还提升了整体的能量利用效率。

3. 消费电子领域

随着智能穿戴设备与便携式电子产品的广泛应用，轻量化、小型容量且能快速充放电的电源需求剧增。超级电容器功率密度高、循环寿命长、热稳定性好和环境友好的优点，使其可以作为主电源或与其他能源形式相配合，快速充放电为设备延长使用时间。

柔性微型超级电容器的开发是可穿戴电子设备领域的一个重要进展。相较于传统形态的超级电容器，其能在弯曲、折叠等状态下依旧维持高功率密度和快速充放电特性，并且更符合现代可穿戴设备对微型化、集成化以及柔韧性的严格要求。中国科学院大连化学物理研究所开发的柔性钠离子微型超级电容器，将电池型负极和电容型正极有效耦合，在 3.5 伏高压下依旧稳定工作，并具有 37.1 毫瓦时 / 立方厘米的高能量密度和极低的自放电速率。

超级电容器可以为便携式电子设备提供辅助能源，通过瞬时大电流，满足设备启动或高峰负载时所需的能量，并且可以对峰值负载进行管理，保护主电池免受大电流冲击。超级电容器也可以在主电源失效时提供紧急能量支持，保护设备正常运行。

四、超级电容器的发展趋势

在设计与制造工艺的改进方面，将采用更先进的涂布技术，实现电极材料的均匀涂布和精确控制厚度，提高电极的质量和性能一致性。开发低温制备电极的工艺，减少能源消耗和对材料性能的影响。探索环保的电极制备工艺，减轻对环境的污染，如使用生物可降解的材料作为电极的黏结剂，或采用水基溶剂代替有机溶剂。

在电极材料设计方面，致力于设计具有纳米结构的电极材料，这类材料可以增加比表面积，增强电荷存储能力。复合材料电极和基于新型二维材料的电极也是重要的研究方向。比如将碳材料与金属氧化物或导电聚合物复合，制备出具有高比电容和良好导电性的电极；而作为二维材料的石墨烯导电性极佳、比面积极高，可用于制备高性能超级电容电极；过渡金属二硫化物如二硫化钼（MoS_2）等，也可提供良好的电容性能和电化学稳定性。

在组装和质检工艺上，引入自动化组装设备和生产线，提高超级电容器的组装效率和质量稳定性，降低人工操作带来的误差和不确定性。改进封装工艺，提高超级电容器的密封性和可靠性，防止电解液泄漏和外界环境对内部结构的影响。在制造过程中引入在线检测技术，实时监测电极材料的性能、电极的质量以及组装过程中的参数，及时发现问题并进行调整，确保产品质量。同时，研究开发适用于超级电容器的快速检测技术，以满足大规模生产中的质量检测需求。

第四节　电磁储能的发展前景

自 20 世纪 60 年代以来，电磁储能技术的研究和发展经历了多个阶段。最初，研究集中在超导磁储能技术上，随着超导材料的不断进步，超导磁储能技术逐渐走向实用化。到了 80 年代，超级电容器储能技术开始受到重视。90 年代时，由于电力电子技术的发展完善，电磁储能技术得以在电力系统中广泛应用。进入 21 世纪，随着可再生能源的兴起和电动汽车的快速发展，电磁储能技术迎来新的发展机遇。

目前，电磁储能市场需求正受到全球能源转型需求的显著推动。随着对可再生能源并网、电力系统调频以及电动汽车快速充电站等需求的增加，电磁储能技术展现出巨大的市场潜力，截至 2023 年，全球电磁储能市场销售额已达到数十亿美元，预计到 2030 年将实现翻倍增长。

一、政策环境与支持

国家政策对电磁储能的发展起到关键的推动作用。近年来，中国政府高度重视储能技术的发展，并将其作为实现能源转型和碳中和目标的重要手段。根据《“十四五”新型储能发展实施方案》，新型储能到 2025 年将会进入规模化发展，大规模商业化已经具备应用条件，并提出技术创新、产业体系完善、市场环境和商业模式成熟等具体要求。政策强调完善储能产业体系的重要性，包括加强产学研用融合、加快创新成果转化等，以促进储能技术的商业化和规模化发展，并鼓励在储能技术领域的创新，特别是在提高储能效率、降低成本和提升安全性方面。

地方政府在国家政策的整体框架下，也出台了一系列激励措施来促进电磁储能的发展，为电磁储能项目提供财政补贴，降低企业的研发和部署成本，对从事电磁储能技术研发和生产的企业给予税收减免，鼓励更多的企业投入这一领域。在电力市场改革的大背景下，一些地区为储能项目提供优先并网的权利，确保储能系统的电力能够顺利接入电网。部分地方政府正在探索建立储能参与电力市场的新机制，如调频、调峰等辅助服务市场，为储能项目创造收益渠道。

二、电磁储能与新能源的融合

《“十四五”规划和2035年远景目标纲要》强调要把促进新能源和清洁能源发展放在更加突出的位置，积极发展清洁能源，推动经济社会绿色低碳转型，而电磁储能技术与新能源的融合是实现能源转型的关键。

电磁储能可以有效解决风能、太阳能等新能源发电的间歇性和不稳定性问题，提高新能源的利用率，同时减少对化石燃料的依赖，推动能源结构优化。电磁储能技术与智能电网相结合，能够更好地管理电网负荷，优化电力资源配置，支持智能电网发展。电磁储能还可以与数字化技术和智能化技术深度有机结合，成为不同类型的能源子系统的转换枢纽，支撑能源互联网的构建。

三、电磁储能电站的智能化发展

电磁储能电站的安全与智能化发展是当前和未来的重要方向。为保障电磁储能电站的安全运行，需要建立完善的监测系统。利用先进的传感器技术，实时监测电池的电流、电压、温度等关键参数，及时发现安全隐患。同时，加强对电池老化、热失控等问题的研究和防范措施，确保电站在各种工况下的安全稳定运行。

在智能化方面，引入人工智能和大数据技术，实现对电站的智能运维和管理。通过对海量数据的分析和挖掘，预测电站的运行状态和潜在故障，提前采取措施进行维护和修复。例如，利用机器学习算法对电池的性能进行评估和预测，优化充电和放电策略，延长电池寿命。此外，还可以通过智能化的能量管理系统，实现对电能的高效存储和释放，提高电站的运行效率和经济效益。

四、规模经济与产业带动

在电磁储能系统中，核心组件如电容器、电感器和磁体等的制造成本有望逐步降低。一方面，随着生产工艺的改进和大规模生产的实现，原材料采购成本将得到有效控制。另一方面，技术创新将提高能量转换效率，减少能量损失，从而降低运行成本。此外，上下游企业之间的合作将促进技术共享和资源优化配置，进一步降低研发和生产成本。

而总体成本的降低会带来显著的规模经济效益，吸引更多投资和应用，从而带动上下游产业链协同发展。上游包括原材料供应、零部件制造等，中游涵盖储能系统集成、设备制造等，下游涉及储能项目的建设、运营与维护等。这不仅能带动全行业的经济发展，还将创造大量就业岗位。从研发设计、生产制造到项目安装、运营维护等各个环节，都需要专业人才，这有助于缓解就业压力，并为一些发展相关产业的地区吸引人才流入，促进该地的经济发展和社会稳定。

五、全球发展与合作

从全球视角来看，截至2022年12月，全球范围内已投入运营的电力储能系统总装机容量突破237.2吉瓦，年复合增长率稳健地维持在15%，累计新增的储能规模高达45.7吉瓦，显示出全球电力储能市场的强劲增长势头和广阔前景。中国电磁储能行业在全球也占据重要地位，2022年市场规模已扩展至59.8吉瓦，占据全球总市场规模的25%，增长率达到38%。

不同国家的电磁储能发展态势各有特点。在超导磁储能技术领域，美国始终保持着全球领先优势，其技术研发水平居于世界前列，推动了全球超导磁储能技术的进步与发展。中国占据全球电磁储能总市场规模的四分之一，在电容器储能和超级电容器储能技术方面取得重要进展，并不断加大研发投入和产业布局。欧洲国家在电磁储能技术的应用和推广方面表现出色，尤其在电力系统中的应用较为广泛。日本在电磁储能材料和器件的研发方面具有深厚的技术积累，为电磁储能技术的发展提供有力支撑。

国际合作在电磁储能领域的技术交流和共同研发中变得尤为重要。许多国家和国际组织正在推动跨国合作项目，通过共享资源、知识和技术来加速电磁储能技术的发展和应用，并开展国际会议、研讨会等为全球研究人员和行业专家提供交流最新研究成果的平台，促进全球范围内技术与知识共享。此外，各国政府通过制定有利的政策和提供资金支持，鼓励国内外企业在电磁储能领域的合作研发，以期降低成本、提高性能并推动技术标准化。

第八章

压缩空气储能

在全球化的能源转型浪潮中，能源存储技术成为连接可再生能源与稳定电力供应的桥梁。随着风能、太阳能等间歇性能源在能源结构中的占比不断提升，储能的重要性日益凸显。能源存储不仅能平衡供需波动，提高能源利用效率，还能增强电网的灵活性和可靠性。在众多储能技术中，压缩空气储能（Compressed Air Energy Storage，CAES）作为物理储能技术的代表，以其独特的优势脱颖而出，成为极具潜力的大规模储能解决方案。

第一节　压缩空气为什么能储能

压缩空气储能技术源自燃气轮机原理，是一种通过压缩空气来储存能量和发电的技术，与抽水蓄能同属机械储能范畴。作为仅次于抽水蓄能的机械储能技术，它具备规模大、环境适应性强和环保的特性，可有效应对可再生能源的间歇性问题，并在电网中起到削峰填谷的重要作用。

与抽水蓄能相比，压缩空气储能的选址灵活性更高，建设周期更短，同时不受地域条件的明显限制。目前，全球多地已有大型压缩空气储能电站投入运行，展现出容量大、寿命长的显著优点，成为储能技术市场化发展的重要方向。

一、压缩空气储能原理

压缩空气储能技术的发展历程可以追溯到 1949 年，德国提出了传统压缩空气储能技术的概念。经过数十年的技术改进，压缩空气储能逐渐从单一的传统补燃式压缩空气储能系统发展为多种新型非补燃式压缩空气储能系统，涵盖多种类型。

压缩空气储能系统的工作原理包括两个主要阶段：储能阶段，利用电力低谷期驱动压缩机将空气压缩至高压状态，并储存在地下洞穴或储气罐中，将电能转化为内能；释能阶段，在用电高峰时释放高压空气，经加热后驱动涡轮机膨胀发电，完成能量从内能到电能的转换。见图 8–1。

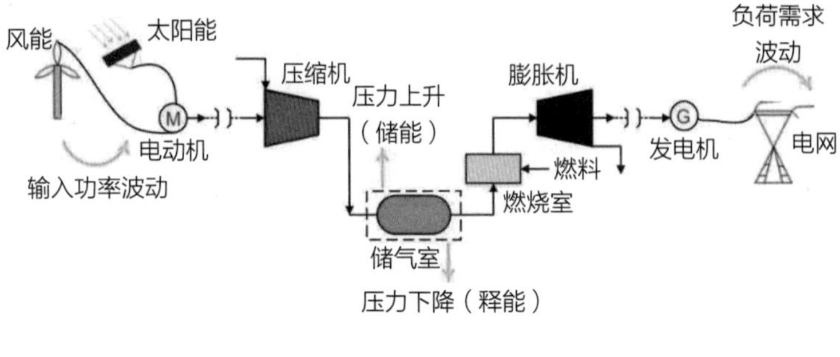

图 8–1　压缩空气储能系统基本原理

二、压缩空气储能的优缺点

压缩空气储能技术优点包括：容量大，可支持吉瓦级大规模储能需求；寿命长，系统组件耐用，运行维护成本低；环境友好，非补燃式压缩空气储能几乎零碳排放；灵活性强，系统快速启停，负荷适应性高。

压缩空气储能技术的缺点包括：效率较低，AC–AC效率[1]通常为40%~60%，低于抽水蓄能的70%~80%；热能利用不足，压缩和膨胀过程中的部分热能未被有效利用；选址受限，地下储气洞穴的地质条件需满足密封性和稳定性要求。也有观点认为，与电化学储能相比，压缩空气储能能量密度低，且损耗较高，能源利用率差距较大，因此，其能否作为储能技术的主要发展方向仍受到质疑。

以德国汉特福（Huntorf）电站为例。该电站是世界上首座商业化运行的压缩空气储能电站，于1978年投运至今，已稳定运行超过45年。它是压缩空气储能技术的代表性工程，为评估其优缺点提供了重要参考。它的优点表现为四个方面：运行可

---

[1] 电能的AC–AC效率指电力系统中将交流电（AC）通过储能装置存储起来，并在需要时再次转化回交流电的整个过程中的能量利用效率。简单来说，就是输入的电能与最终取出的电能相比，有多少被保留下来了。例如有一套压缩空气储能系统，把100度电输入进去，通过压缩空气存储能量。等需要用电时，系统把压缩空气释放出来发电，但最终只能取回40~60度电。这意味着这套系统的AC–AC效率是40%~60%，剩下的能量在压缩、膨胀和转换过程中被消耗掉了（比如热损失或者机械损失）。所以，AC–AC效率越高，说明储能系统在能量存储和释放时损失越少，利用率越高。

靠，储能容量大，灵活性强，选址灵活、建设周期短等。

运行可靠：汉特福电站当前仍持续高效运行，充分展示了压缩空气储能技术的耐用性。该电站启动可靠性平均值达到97.6%，验证了压缩空气储能技术的高稳定性，尤其是在应对电网紧急需求时表现突出。而且，电站的核心部件（如压缩机和膨胀机）是成熟的工业机械设备，耐用性强，维护成本相对较低。

储能容量大：汉特福电站拥有总容积为31万立方米的地下储气矿洞，压缩空气储存压力可达10兆帕，能够连续充气8小时，释放电能2~3小时。电站释能输出功率达到290兆瓦，满足高峰电力调节需求。

灵活性强：早期用于紧急电网支持，后期则用于平衡电网负荷、调峰调频等多功能场景。其作为紧急备用储能电源，当电网发生故障时可在15分钟内启动，提供电力支持。投运初期，压缩机启动频次超过400次，膨胀发电机组的启动频次超过250次，表现出系统在应急状态下的高响应能力。

选址灵活、建设周期短：压缩空气储能技术对地形和水源依赖低，地质适应性强。例如汉特福电站充分利用了废弃盐穴作为储气设施，避免了抽水蓄能对特定地理条件的依赖。

不过，压缩空气储能的缺点也不少，主要表现为四个方面：效率相对较低、温室气体排放、能量密度低、技术应用受限于洞穴地质条件。

效率相对较低：汉特福电站的AC–AC效率较低，实际运行效率约为42%，远低于抽水蓄能的70%~80%。低效率的主要原因是压缩和膨胀过程中热能的损失，而且系统需要在释能阶段使用燃气补燃加热压缩空气，进一步降低了整体能效。

温室气体排放：汉特福电站释能阶段依赖天然气燃烧来加热高压空气，这种补燃方式会产生一定的温室气体排放，不完全符合当今绿色发展的需求。

能量密度低：汉特福电站需要8小时充气才能支持2~3小时的持续发电，这反映了压缩空气储能在能量密度上的限制。

技术应用受限于地质条件：虽然汉特福电站的盐穴储气设计成功，但在其他地区，找到足够大且密封性良好的地下储气空间可能会成为限制因素。

三、典型应用场景

在构建新型电力系统的时代背景下，压缩空气储能技术应用前景广阔，包括如下几个典型应用场景。

一是电力削峰填谷。大型压缩空气储能电站的单机容量可达百兆瓦量级，发电时间可达数小时，在用电低谷时，可消纳富余电力，将电力系统余电进行存储；在用电高峰时，向电网馈电，起到“削峰填谷”的作用，促进电力系统的经济运行。

二是消纳新能源。小型压缩空气储能电站容量配置为几兆瓦到几十兆瓦，可与光伏电站、风电场、小水电站等配套建设，将间歇性的可再生能源储存起来，缓解当前的弃风、弃光和弃水困局。

三是构建独立电力系统。压缩空气储能电站还可用于沙漠、海岛等特殊场合的构网型电力系统。若结合风电、光电、潮汐发电等清洁能源，非补燃缩空气储能的冷热电联供，有望构建低碳环保的冷热电三联供独立电力系统。

四是紧急备用电源。非补燃压缩空气储能技术不受外界电网、燃料供应等条件的限制，在冰灾等突发情况造成断电时，能确保政府机关、军事设施、医院等重要负荷单位电力正常供应。

五是辅助功能。压缩空气储能的功率和电压均可调节，且响应迅速，其大量应用可以增加整个电力系统的旋转备用和无功支撑能力，提高电力系统安全稳定运行能力。

第二节　新型压缩空气储能技术与发展

一、新型压缩空气储能技术路线

为克服传统补燃式压缩空气储能技术的限制，研究人员提出多种新型技术路径，通过技术革新实现更高效、更环保的储能方式。这些新型技术包括：

1. 先进绝热压缩空气储能

先进绝热压缩空气储能（AA-CAES）通过回收压缩过程中产生的热量避免燃料补燃环节，显著提高效率。与传统压缩空气储能不同，它在压缩和膨胀过程中避免了热量的外泄，利用高效热储能装置将压缩时产生的热量存储起来，并在释能时利用回收热能加热空气，驱动膨胀机发电。

这一技术的核心突破在于高效热能存储设备的研发，显著提升了系统储热密度和耐用性，其效率已达到60%以上，成为新型储能技术的重要方向。2013年，中国科学院在河北廊坊建成国际首套1.5兆瓦先进绝热压缩空气储能示范项目，采用高效多级压缩和膨胀机技术，部分热回收应用，系统效率达到52%。

2. 蓄热式压缩空气储能

蓄热式压缩空气储能（TS-CAES）是压缩空气储能的一种改进型技术，专注于回收并高效利用压缩和膨胀过程中产生的热能。它通过蓄热系统回收和利用热量，系统效率通常可达60%以上，无须燃烧天然气或其他燃料，避免了对天然气等化石燃料的依赖，是一种真正零碳排的储能技术，进一步提高了系统的环保性能和整体效率。除此之外，系统可以适应各种地质条件，尤其是盐穴稀缺的地区，也可以通过高压储罐实现储气功能。其原理见图8-2。

但是它也面临一些技术难题。首先，蓄热系统的效率和成本高度依赖于高效蓄热材料（如熔盐、导热油或高压水）的选择。如何在高温条件下实现储热器的长期稳定性是技术难点。其次，设备要求高，系统需要高效的压缩机、膨胀机和热交换器，这些设备在高压高温下工作，制造和维护成本较高。最后，能量密度限制，虽然它相比传统压缩空气储能系统效率有所提高，但储气和储热的设备占用空间较大，可能限制单一设施的规模扩展。

由中国科学院研发的贵州毕节10兆瓦蓄热式压缩空气储能项目于2016年建成，在2021年10月试运行4000小时以后，

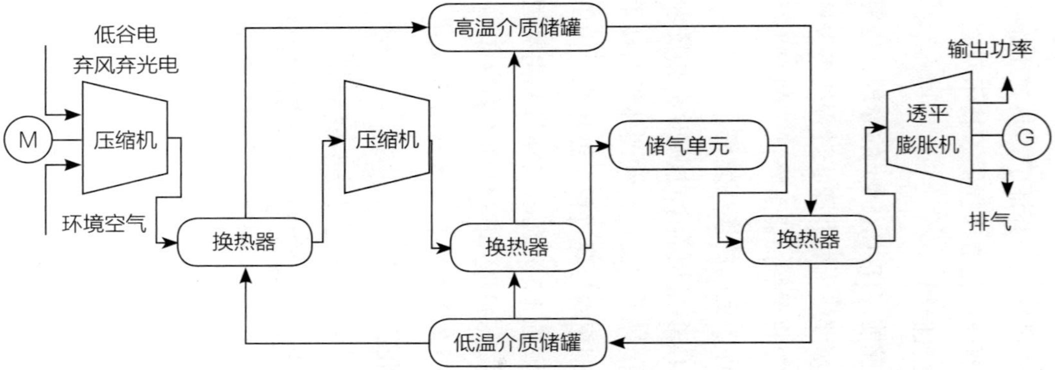

图 8-2　蓄热式压缩空气储能原理

正式并网发电。系统能量转换效率达到60.2%，成为全球压缩空气储能领域的效率标杆。项目采用高温熔盐储热器，有效提升了储热性能和系统可靠性，验证了蓄热式压缩空气储能工程的可行性，为大规模商业化推广提供了技术基础。

3. 等温压缩空气储能

等温压缩空气储能（IT-CAES）的原理，是等温技术通过喷射水雾或液体活塞维持压缩和膨胀过程的等温环境，将气体温度控制在一个恒定的水平，显著降低了热损失。空气与液体介质的直接接触确保了更高的换热效率。

初期的等温系统多采用简单的喷射水雾技术，但换热效率受限。随着气液接触机制的优化和液体活塞技术的引入，该技术实现了更接近理想的等温过程。近年来，由美国速能克斯（SustainX）公司开发的1.5兆瓦示范项目和由美国通用压缩技术（General Compression）公司开发的2兆瓦示范项目取得初步成功，但仍面临设备复杂性和成本高昂的问题。

4. 液态空气储能

液态空气储能（LAES）通过将空气冷却至液态储存，再通过升温和膨胀发电，液化空气的能量密度远高于气态空气，因此可以在较小的体积内存储更多的能量，是提供高能量密度的储能方式。液态空气储能的突破点在于低温储罐和空气液化设备的研发。英国高景动力（Highview Power）等公司成功开发了第一批兆瓦级的液态空气储能系统，并进行示范应用。我国液态空气储能在能量密度和成本控制方面也实现了重大突破，于2018年投入运行的江苏同里综合能源服务中心就包含了液态空气储能项目，青海格尔木的60兆瓦/600兆瓦时液态空气储能示范项目于 2023 年 7 月开工建设，预计在 2025 年投运。

5. 超临界压缩空气储能

超临界压缩空气储能（SC-CAES）是利用空气在超临界状态下的高能量密度进行储存，并通过特殊的热管理系统提升能量转换效率。超临界状态是指空气的温度和压力达到特定条件，空气的密度和黏性大大提高，使得空气具有比常规气体更高的能量密度，从而提高了储能密度和能量转换效率。

中国科学院热物理研究所对超临界压缩空气储能进行了深入研究，于 2009 年首次提出利用热回收和温度控制系统来解决热损失问题，通过多级压缩与膨胀设备来优化系统效率的系统理论，并于 2013 年在廊坊完成了 1.5 兆瓦示范项目。这一技术的演进集中于超临界状态的热力学优化，未来可能在长时间储能领域占据重要地位。随着高效热交换器、超临界压缩机和膨胀机的技术进步，超临界压缩空气储能系统的效率将得到显著提升，达到 60%~70%，并具备在大规模能源存储中的应用潜力。

6. 水下压缩空气储能

水下压缩空气储能（UW-CAES）是一种利用水的压力来存储和释放压缩空气的新型储能技术。其基本原理是将压缩空气存储在海底的封闭储气腔中，水深产生的水压帮助维持压缩空气的高压状态，从而实现更高的能量密度。在释放时，高压空气通过膨胀机驱动发电机发电。

水下压缩空气储能的概念在 2010 年左右由一些海洋工程研究机构提出，主要解决的是传统压缩空气储能对地理条件的依赖问题，通过利用海底压力，减少对储气设施的设计要求。随着海洋工程技术的发展，越来越多的海底储气腔项目被提出并进行初步研究。美国、欧洲的研究机构和企业开始进行海底储气项目的探索，并计划将其应用于可再生能源的消纳和调节。一些海洋工程公司和能源企业已经开始建设实验性水下压缩空气储能设施，验证技术的可行性。特别是在深海和远离大陆的区域，水下储气具有较大的应用潜力。

7. 湿空气透平压缩空气储能

湿空气透平压缩空气储能（HAT-CAES）技术通过将水蒸气引入压缩和膨胀过程中，利用湿空气提高热能利用效率。水蒸气的加入可提高空气膨胀时的热能回收和使用效率。早期，一些研究机构和公司主要探索湿空气透平压缩空气储能技术在工业和小型储能系统中的应用；现阶段，其逐渐应用于中小规模储能项目。

除第一种外，以上几种储能方式的区别见表 8-1。

表 8-1　几种储能方式的区别

技术类型	效率	成本	适用性	技术成熟度
蓄热式压缩空气储能	中高	中等	广泛	高
等温压缩空气储能	中	高	特定场景	中
液态空气储能	中高	高	大规模储能	中
超临界空气储能	高	中高	大规模储能	中
水下压缩空气储能	中	中等	海洋及近海地区	中低
湿空气透平压缩空气储能	中	中等	特定工业场景	中低

二、国内压缩空气储能的发展现状及未来展望

近年来，我国在压缩空气储能领域投入大量资源，并取得了一系列技术突破。从小型实验系统到兆瓦级示范项目，再到正在规划和建设的吉瓦级系统，压缩空气储能的规模化发展展现出广阔前景。根据中关村储能产业技术联盟的数据，截至 2023 年年底，我国压缩空气储能项目累计装机容量已超过 2000 兆瓦，市场需求呈现快速增长趋势。

尽管新型压缩空气储能技术在效率、成本和适应性上取得了显著进步，但仍面临以下挑战：相较电池储能，压缩空气储能的动态响应性能有待提升；地质条件限制较大，部分技术仍依赖盐穴等储气场所；产业链不完善，核心设备的国产化和规模化生产需进一步加强。

随着技术的持续改进和政策支持的增强，压缩空气储能有望在实现“双碳”目标的能源转型中发挥更重要的作用。特别是随着高效绝热、等温和液态空气储能等新型技术的逐步成熟，其将成为大规模长时储能的理想选择，推动能源系统向清洁、低碳和高效方向迈进。

第三节　我国压缩空气储能的技术演进之路

随着我国对绿色能源转型和“双碳”目标的不断推动，压缩空气储能作为一种大规模、长周期、环保的储能技术受到

广泛关注，多个国内科研团队在压缩空气储能技术的基础研究、关键技术突破、系统工程应用和示范项目上取得显著成就，推动了该技术在中国的快速发展。

一、国内压缩空气储能技术的研究发展历程

初期研究与理论探索（21 世纪初期）：国内对压缩空气储能技术的研究主要集中在压缩空气的热管理、压缩机与膨胀机的优化等基础理论方面，致力于解决传统压缩空气储能技术的瓶颈问题，如热能损失、低效率和依赖化石燃料等难题。研究在关键领域取得一些成果，比如国内的研究团队提出通过热回收（如先进绝热压缩空气储能、蓄热式压缩空气储能）和过程优化（如等温压缩空气储能）来提高系统效率，并在一些实验性的小规模系统中进行验证。

中期技术积累与示范项目（21 世纪第二个十年）：随着国内研究的深入，许多国内顶尖的科研机构（如中国科学院工程热物理研究所、清华大学等）和企业开始开展大规模的示范项目，推动压缩空气储能技术逐步实现工程化。比较有名的是，2013 年中国科学院工程热物理研究所联合相关机构开展了 1.5 兆瓦先进压缩空气储能示范项目，提出并验证高效热回收技术。2014 年清华大学团队联合中国科学院物理化学研究所与中国电科院，在安徽芜湖建成 500 千瓦基于压缩热回馈的先进绝热压缩空气储能电站（TICC–500），实现先进绝热压缩空气储能技术的初步示范。2016 年中国科学院在贵州毕节建设了 10 兆瓦蓄热式压缩空气储能示范项目，采用熔盐储热技术，

将系统效率提升至60.2%。

近期发展与国际领先水平（21世纪20年代）：这一时期，我国开展了压缩空气储能项目的大规模示范与商用化进程，国内多个研究团队在压缩空气储能技术的效率、成本、规模化应用方面取得了显著进展。2020年，清华大学团队成功开发金坛60兆瓦非补燃压缩空气储能示范项目，应用盐穴储气和高效热回收系统，实现了较高的系统效率（60%以上）和经济性。2021年中国科学院在河北张家口建设了100兆瓦先进绝热压缩空气储能示范系统，标志着中国在压缩空气储能技术领域的重大突破。2024年中国能源建设股份有限公司、中国电力建设集团有限公司等企业相继入驻肥城，同年5月全球最大压缩空气储能项目在肥城并网发电，每年发电量可达6亿度，能保障超过20万户家庭的用电需求，减少煤耗18.9万吨，减排二氧化碳49万吨。预计在2025年，肥城在建在运盐穴储能装机规模将达到3000兆瓦，成为在全国有重要影响力的新型储能技术示范应用基地，也标志着国内压缩空气储能技术的成熟和商业化应用的进一步推进。

二、国内压缩空气储能技术的创新与突破

热能回收与储热技术：热回收技术领域，我国科研团队提出并实现了压缩空气过程中热能的回收和再利用，如在先进绝热压缩空气储能和蓄热式压缩空气储能系统中，通过使用高效热交换器和热储能装置，成功将压缩过程中产生的热量储存并用于释能阶段，从而显著提高了能效。储热式技术领域，我

国科研团队采用熔盐、陶瓷等高温储热材料，解决传统压缩空气储能的高温损失问题，并实现零碳排放，将储能系统的整体效率提升到 60% 以上。

非补燃压缩空气储能技术： 传统压缩空气储能需要天然气等化石燃料加热空气，但非补燃技术通过利用热回收和高效热储能装置，避免对化石燃料的依赖。清华大学和中国科学院等研究团队在非补燃压缩空气储能技术上取得突破，特别是在金坛和云岗等项目中，成功将这一技术应用于示范项目，大幅提高示范项目运行效率和经济性。

多级压缩和膨胀机优化： 国内多个团队通过优化压缩机和膨胀机的设计，提升系统效率。通过采用多级压缩和膨胀系统，压缩过程的热损失被有效降低，整体系统效率显著提高。

大规模应用与储气设施优化： 为了解决传统储气设施的建设成本问题，国内研究团队在金坛、毕节等项目中成功采用盐穴储气技术，显著降低了储气设施的成本，同时提供了更大的储气容量。在液态空气储能领域，我国部分研究团队另辟蹊径，探索液态空气储能技术，将空气液化存储以提高能量密度，为大规模储能应用提供了新的技术路线。

我国研究团队通过 20 多年的不断努力，已在压缩空气储能技术的多个领域取得了重要进展。从初期的理论探索到小规模示范，再到中大型项目的成功实施，国内团队不仅突破了传统压缩空气储能技术的瓶颈，还推动了新型压缩空气储能技术的发展。这些技术进步为我国的能源结构转型和绿色能源的广泛应用提供了重要支持，并为全球储能技术的发展做出了巨大贡献。随着大规模示范项目的推进，未来压缩空气储能技术将成为全球能源系统中的关键支撑技术之一。

第四节　空气储能突破发展的传奇

在能源转型的浪潮中，储能技术宛如一颗璀璨的明珠，而压缩空气储能技术则是其中最为耀眼的一颗。中国科学院的压缩空气储能研究团队，历经十余年的艰苦探索，从无到有，从追赶到领先，书写了一段段跌宕起伏的创新传奇。

一、技术突破：自主创新的艰难之路

中国科学院储能研究团队致力于发展比液态空气更先进的压缩空气储能技术。他们面临的第一个难题是传统压缩空气储能技术效率不高，且依赖天然气提供热源。为了解决这些问题，团队进行了彻底的技术创新。他们提出了一种全新的先进压缩空气储能技术方案：在用电低谷时，用压缩机取代燃气轮机压缩空气，同时回收压缩热；在用电高峰时，释放储存的热量加热高压空气，驱动膨胀机发电。这一改进不仅实现了零排放，还大幅提高了储能效率，理论上可达 70% 以上。

然而，创新的道路从不平坦。从基础研究到关键技术，再到工程开发，都没有成熟经验可供借鉴。团队成员们凭借着坚韧不拔的毅力和严谨的科学态度，一步步攻克了核心部件压

缩机、膨胀机的内部流动与传热机理难题，研发出了先进的蓄热蓄冷技术，成功解决了传统技术的诸多瓶颈问题。

二、项目推进：从 1.5 兆瓦到 300 兆瓦的跨越

2010 年，团队制定了一个雄心勃勃的“钉钉子”时间表：用 3 年时间完成 1.5 兆瓦示范项目，用 4 年建成 10 兆瓦示范项目，用 5 年建成 100 兆瓦示范项目。在接下来的几年里，团队成员们日夜奋战，克服了无数困难：

2013 年，在河北廊坊建成了国际首套 1.5 兆瓦先进蓄热式压缩空气储能示范系统，系统额定转换效率达 52.1%。

2016 年，在贵州毕节建成了国际首套 10 兆瓦先进压缩空气储能国家示范系统，系统额定转换效率达 60.2%。

2021 年 9 月，在山东肥城，国际首套 10 兆瓦盐穴先进压缩空气储能国家示范电站项目并网发电，系统额定转换效率达 60.7%，该项目 2022 年 7 月成为国内首座参与电力现货交易的压缩空气储能电站。

2021 年 12 月，在河北省张家口，国际首套 100 兆瓦先进压缩空气储能国家示范项目建成，2022 年 9 月顺利并网发电，发电效率达到 70.2%，每年可发电 1.32 亿度以上，节约标准煤 4.2 万吨，减少二氧化碳排放 10.9 万吨。这一成果标志着我国在压缩空气储能技术领域取得了重大突破，达到了国际领先水平。

2024 年 4 月 30 日，在山东肥城，国际首套 300 兆瓦先进压缩空气储能国家示范电站首次并网发电成功。该电站设计效

率达到 72.1%，与储能技术的“老大哥”——抽水蓄能相当，年发电量约 6 亿度，可为 20 万至 30 万户居民提供电力保障，每年可节约标准煤约 18.9 万吨，减少二氧化碳排放约 49 万吨。

三、盐穴储能：创造三项世界第一

2025 年 1 月 9 日，湖北应城 300 兆瓦盐穴压缩空气储能电站示范工程实现全功率并网发电，并开始商业运行。这一项目由中国科学院武汉岩土力学研究所科研团队提供地下系统全过程技术支撑，创下了目前已全面投用盐穴压气储能电站的单机功率、储能规模、转换效率三项世界第一。

该电站以湖北省云梦、应城地区废弃盐矿洞穴为储气库，单机功率达 300 兆瓦级，储能容量达 1500 兆瓦时，系统转换效率约 70%，每天储能 8 小时、释能 5 小时，年均发电约 5 亿千瓦时。项目团队通过科技攻关，实现了“在世界范围内首次利用水平压裂形成的盐穴水平腔体开展地下储能”和“首次实现高位注气、低位排卤的沉渣空隙储气扩容的新方案”两大创新，大幅提高了盐穴空腔利用率和注采井的注采气量，降低了工程造价并缩短了建设工期。

第五节　智慧化管理的必备条件

要提升压缩空气储能的系统效率、经济性和可持续性，智慧化管理和运营成为关键。通过智能化的电站管理、运行调度的优化、智能电网的深度融合以及并网技术的不断进步，压缩空气储能技术的智慧化将能够为电网的稳定运行、可再生能源的消纳和绿色能源的转型提供强有力的支撑。

一、电站管理与运营的智慧化

电站管理和运营是压缩空气储能智慧化的核心环节。通过引入智能化控制系统、数据分析和预测技术，可以实现对电站的精确调度、优化运行和故障预测，从而提高系统的效率、可靠性和灵活性。

1. 智能调度与优化

压缩空气储能电站的智能调度与优化是实现其智慧化管理的基础。传统的压缩空气储能系统通常依赖于人工调度或规则驱动的控制系统，而智慧化管理则依赖于高效的调度算法和实时数据的支持，进行电站内部与外部电网的高效协作。

数据自动采集与实时监控智能分析，主要通过传感器和物联网技术，实时采集电站内的各类数据（如空气压缩机运行状态、储气罐实时压力值和温度、发电机输出功率、热交换器效率等），并通过集中控制系统进行数据分析与处理。智能调度系统则基于采集到的数据，通过人工智能和机器学习算法，实现对电站运行状态的实时监控与预警。智能调度系统可以根据电网负荷的变化和电站当前的状态，自动调整压缩、储能、释能的节奏，优化电站的运行效率，通过优化调度，最大化电站的经济效益和效率。负荷智能预测与优化的实现则是通过大数据分析和预测技术，结合电网负荷需求、气象数据（如风速、太阳辐射强度）等，预测未来的负荷波动，合理规划电站的储能与释能周期，从而提高压缩空气储能系统在调峰和新能源消纳中的作用。

2. 故障诊断与预测性维护

智慧化管理还包括对压缩空气储能电站设备的健康监控与故障诊断，降低停机时间，提高系统的可靠性。通过集成先进的传感器、远程监控和诊断系统，实时监测电站内设备，特别是压缩机、膨胀机和热交换器等关键设备的运行状态，利用振动分析、温度监测、油压监控等手段，及时发现设备潜在故障并进行预警。

预测性维护则是利用机器学习算法和历史数据，分析设备的故障模式和运行规律，预测设备的维护需求，避免传统的定期维护模式，降低设备的维护成本和运行风险。通过预测性维护，电站可以在设备出现故障前进行及时处理，避免长时间停运对电网带来的影响。智能决策支持则需要集成人工智能算法，在电站运营中提供实时决策支持。例如，电站控制系统可以根据预测数据、市场电价波动和电网需求，自动调整压缩空气的储存和释放时间，以优化发电成本。

二、电能并网的智慧化

压缩空气储能系统与电网的并网是实现其智慧化管理的另一关键环节。通过智能电网的集成和优化，压缩空气储能不仅能够平衡电网负荷、提升电网稳定性，还能促进大规模可再生能源的接入与消纳。

1. 智能电网与压缩空气储能的深度融合

智能电网是通过现代信息通信技术与电力网络的深度融合，实现对电力系统实时监控、灵活调度和智能决策支持的电网。压缩空气储能系统作为智能电网的组成部分，能够有效地支持电网的高效运行与可再生能源的消纳。

双向通信与智能调度之间的协同：压缩空气储能系统通过与智能电网的双向通信，实现对电站的精确控制。电网调度员能够实时了解电网负荷、储能系统的运行状态，并根据电网的需要通过压缩空气储能系统进行调节。这种信息交互和调度能力使得压缩空气储能成为电网的一个重要调峰工具。

响应性调度与电网平衡之间的配合：智能电网能够根据压缩空气储能系统的实时储能和释能能力，灵活调节电网负荷。压缩空气储能能够在电力需求高峰时释放储存的能量，降低峰值负荷；在需求低谷时将多余的电能转化为压缩空气进行储存，保持电网的平衡。

可再生能源消纳之间的智能切换：压缩空气储能系统与智能电网相结合，可以大幅提高风电和光电等可再生能源的消纳能力。当可再生能源发电过剩时，压缩空气储能将多余电能转化为压缩空气储存；当可再生能源发电低谷时，则及时释放储存的电能，保持电网的供需平衡。

2. 动态调频与储能响应

压缩空气储能系统不仅能用于电网的削峰填谷，还能为电网提供调频（Frequency Regulation）服务，保证电网的频率稳定。调频服务是电网运行中的核心需求，压缩空气储能通过灵活的储能与释能机制，可以有效地响应频率波动。

在频率调节能力方面，当电网频率发生波动时，压缩空气储能系统可以快速响应。通过实时释放或储存压缩空气，压缩空气储能系统能迅速调节电网频率，帮助电网恢复稳定。智能调度系统能够根据电网频率的变化，快速决定是否释放储存的能量，从而实现快速、精确的调频。在快速响应与稳定性方面，压缩空气储能系统的快速响应能力是其作为调频服务提供者的重要优势。在其他储能系统（如电池）无法快速充放电的情况下，压缩空气储能系统能够提供更长时间、更稳定的电力调节支持。

3. 电力市场与需求响应集成

智慧化压缩空气储能系统不仅在电网运行中起到支撑作用，还能够与电力市场进行互动，参与需求响应（Demand Response）和市场调节。当需求发生大幅波动时，智慧化压缩空气储能系统能够根据电网的需求信号，灵活调节储能和释能策略。通过智能化的电力市场参与，压缩空气储能可以在电价低谷时储能，在电价高峰时释能，从而为电力市场提供优化调度，提高经济效益。当电价剧烈波动时，智能电网可以根据实时电价变化与需求预测，调整压缩空气储能的工作策略。当电价较低时，压缩空气储能系统将储存多余电能；当电价较高时，系统可以释放储能，提高电网的经济性。

三、智慧化管理所需条件

要实现压缩空气储能系统的智慧化，需要具备多个条件，包括技术、设备、数据处理能力、系统整合等方面。

高效的电站管理与监控系统：智慧化压缩空气储能系统需要配备先进的电站管理与监控系统，来实时收集、分析并优化电站的运行数据。实时监控与数据采集包括空气压缩机、储气罐、膨胀机、热交换器等关键设备的运行状态监测。通过传感器、物联网技术和边缘计算设备，实时监控设备运行数据（如温度、压力、功率等）。这需要建设一个集中的数据管理与分析平台，集成所有采集到的数据，实时处理来自电站和电网的数据，支持多源数据融合，进行决策支持和预测分析。智能调度与优化控制需要配备智能调度系统，能够根据电网负荷、储能状态、气象数据等，自动调整压缩空气储能系统的运行策略，如储气与释能的调度。系统还需支持基于实时数据的动态优化，确保电站能够灵活应对电网需求变化。

强大的数据处理与分析能力：智慧化压缩空气储能的核心是数据驱动的决策支持，因此必须具备强大的数据处理、存储和分析能力。大数据处理能力可以处理多个来源（电站、传感器、电网等）的海量数据。这需要强大的数据存储与计算能力，支持实时、批量数据处理。同时，应用 AI 和机器学习算法，结合历史数据、实时数据和预测数据，优化储能调度和故障预测。AI 模型能够识别电站运行模式，预测负荷需求，识别潜在故障等，从而帮助系统做出最优决策。最终，通过气象预测、负荷预测、电价波动预测等外部数据的整合，利用机器学习进行建模，实现电站运行和储能系统的预测性维护，预测负荷调度和优化配置。

与电网的智能化集成：智慧化压缩空气储能不仅限于电

站的内部管理，还必须与电网深度集成，实现电网和储能系统的高效协同。首先，智能化集成需要智能电网接口与通信协议的匹配。压缩空气储能系统需要与智能电网建立高效的通信协议和接口，实现双向通信。电网调度中心可以实时了解储能系统的充放电状态、电力供应能力，并在需要时快速调整储能策略，支持电网的调频、调峰、负荷平衡等功能。其次，智能化还要具备需求响应与市场集成。智慧化压缩空气储能系统应能够根据电力市场的价格信号和电网需求波动进行自适应调整，实现需求响应和负荷调节。通过与电力市场、分布式能源系统等的集成，压缩空气储能系统能够在电网负荷高峰时释放储能，在电价较低时储能，从而提高电网运行的经济性和灵活性。然后，智能化还需要电力调度与系统协同，与电网的协同作用能够优化电力供应与需求之间的平衡。例如，压缩空气储能可以在电网负荷高峰时发挥调峰作用，在风电、光伏等可再生能源发电过剩时储能，在负荷低谷时释放能量，保持电网的平稳运行。

高效的储能设备与智能控制系统：为了实现压缩空气储能系统的智慧化，储能设备本身需要具备高效性和智能控制能力。一是压缩机和膨胀机作为系统的核心设备，必须具备高效能和智能化控制能力。现代压缩机和膨胀机需要能够根据电网需求、负荷波动以及储能系统的工作状态进行实时调整，提高能效和响应速度。二是智能储气与释能控制系统必须能够根据电网的调度需求和储能状态自动调整空气压缩与释放的过程，确保系统高效运行。该控制系统需要与智能调度系统紧密配合，通过自动化算法优化储气与释能策略。三是智能热管理系统能够实时监测储热介质（如熔盐、陶瓷等）的状态，优化热能存储与释放过程。通过先进的热交换技术和智能温控系统，确保压缩空气储能过程中热量的有效利用，提升整体系统效率。

智能化的维护与故障预测系统： 智慧化压缩空气储能不仅仅关注实时运行管理，还需要在设备健康管理和故障预测方面具备智能化水平。例如，在设备健康监测与预测性维护时，利用物联网技术和传感器网络，实时监控关键设备的健康状况（如压缩机、膨胀机、储气罐等）。通过数据分析和机器学习模型，预测设备的故障风险，提前进行维护或更换，以避免突发故障导致停运，减少维护成本。在进行故障诊断与自修复时，通过智能诊断系统，自动识别系统故障和潜在问题，并指导维修人员进行快速修复。在可能的情况下，智能系统可通过软件更新、远程控制等手段进行自修复，确保设备的高可用性。

安全性与数据安全： 智慧化压缩空气储能系统的安全性和数据安全性至关重要。系统需要防范外部攻击、硬件故障和软件漏洞带来的风险。网络安全方面，智慧化系统中的数据传输和控制系统需要高度加密和保护，以防止网络攻击和数据泄露。要采取先进的加密技术和安全协议，确保电站管理和控制系统的稳定性和安全性。物理安全方面，压缩空气储能系统的物理设施（如储气罐和压缩机设备）必须按高标准的安全要求进行设计，以应对极端天气、自然灾害或其他突发事件的影响。

第九章
飞轮储能

第一节　最奇特的储能构想

一、飞轮储能的奇妙原理

飞轮储能技术是一种通过高速旋转的飞轮将电能转化为动能存储，并在需要时再将动能转化为电能释放的物理储能技术。其核心在于利用飞轮高速旋转和低损耗特性，实现能量的高效存储与释放。当需要用电时，飞轮带动电机发电将动能转化为电能输出。

飞轮储能技术的原理可以追溯到物理学中的动能概念。动能是物体由于运动而具有的能量，其大小取决于物体的质量和速度。在飞轮储能系统中，飞轮的动能转化公式如下：

$$E=\frac{1}{2}J\omega^2 \qquad (1)$$

其中，E 代表动能，J 是飞轮的转动惯量，而 ω 是飞轮的角速度。理论上，飞轮的转动惯量或角速度的增加，可以提高飞轮储存的能量。然而，实践中由于材料强度和离心力的限制，增加转动惯量通常不可行。因此，提高飞轮的角速度成为增加动能的主要途径。

飞轮储能技术在储能领域的独特优势在于其高功率密度、快速响应能力、长寿命和环境友好性。与化学电池相比，飞轮储能系统可以承受更多的充放电循环，且不会因过充或过放而损害其性能。此外，飞轮储能系统在运行过程中几乎不产生热量，因此能量转换效率高，损耗小。

飞轮储能技术的应用前景广阔，尤其是在需要快速响应和高功率输出的场合。例如，在电网调频中，飞轮储能系统可以迅速平衡电网供需，减少因发电和用电不平衡导致的频率波动。在轨道交通中，飞轮储能技术可以回收列车制动时的动能，减少能源浪费，并在列车加速时释放能量，提供辅助动力。此外，飞轮储能技术在不间断电源市场和储能式电动汽车充电桩中也显示出巨大的潜力。随着技术的不断进步和成本的进一步降低，飞轮储能技术有望在未来的能源革命中扮演关键角色。

飞轮储能系统是一个高度集成的装置，其核心部件包括飞轮转子、轴承系统、能量转换系统等，它们共同协作以实现能量的高效存储与释放。

飞轮转子是飞轮储能系统中储存能量的关键部分。它通常由高强度的合金或复合材料制成，以确保在高速旋转时的结构稳定性和耐久性。飞轮转子的设计需要考虑到能量密度的最大化，这通常通过优化其质量和形状来实现，包括减轻重量的空心结构，以及使用碳纤维等复合材料，这样既减轻了重量，又提高了其强度和刚度。

轴承系统在飞轮储能系统中扮演着至关重要的角色。它必须能够承受飞轮在高速旋转时产生的巨大离心力，同时还要保证极低的摩擦损耗。现代飞轮储能系统中，磁悬浮轴承因其几乎无摩擦的特性而被广泛采用。这种轴承利用磁力悬浮飞轮，大幅减少了机械磨损和能量损耗，提高了系统的整体效率和寿命。

实现电能与机械能相互转换的能量转换系统是飞轮储能系统中的核心。它主要由电动/发电机和电力转换器组成。在储能过程中，发电机在电动机模式下工作，将电能转换为飞轮的机械能，使飞轮加速旋转；而在放电过程中，它则在发电机模式下工作，将飞轮的机械能转换为电能。电力转换器则负责调节和控制电能的质量，确保输出的电能符合电网的要求。

综上所述，飞轮储能系统通过这些关键部件的协同工作，实现能量的高效存储与快速释放。这些技术的不断进步，如材料科学的发展、磁悬浮技术的应用以及电力电子技术的创新，都在推动飞轮储能技术向更高能量密度、更长寿命和更优性能的方向发展。随着这些技术的成熟和成本的降低，飞轮储能系统有望在未来的能源存储领域发挥更加重要的作用。

二、飞轮储能的类别

飞轮储能技术根据其储能方式和应用场景的不同，可以分为若干类别，每种分类都具有其独特的特点和适用范围。

按照储能方式，可以分为以下三类。

机械储能飞轮：这是飞轮储能最传统的形式，主要利用飞轮的旋转来实现动能与电能的相互转化和储存。机械储能飞轮通常由高强度材料制成，以承受高速旋转时产生的巨大离心力。它们适用于需要快速充放电和高功率输出的场合，如电网调频、不间断电源系统等。

电磁储能飞轮：这类飞轮结合了电磁学原理，通过电磁场来储存能量。电磁储能飞轮通常使用超导材料，以减少能量损耗并提高储能效率。它们在需要极高能量密度和长寿命的应用中具有优势。

电化学储能飞轮：虽然电化学储能通常与电池技术相关，但也有研究尝试将电化学原理应用于飞轮储能。这类飞轮通过化学反应来储存和释放能量，具有较高的能量密度和较长的使用寿命。

按照应用场景分类，可以分为以下四类。

电网调频：在电网调频应用中，飞轮储能系统可以快速响应电网负荷的变化，提供瞬时功率支持。它们有助于平衡电网供需，提高电网的稳定性和可靠性。基于飞轮储能，可实现快捷的能量输入输出，能方便地分散放置，无环境污染问题，因此，国际上众多研究机构选择飞轮开发的最终目标定为电力调峰。

轨道交通：飞轮储能技术应用于轨道交通中可以显著提高能效，通过回收列车制动时的动能并将其储存，再在列车加速时释放，为列车提供辅助动力。

不间断电源：飞轮储能系统具有响应快、长寿命的特点，可为数据中心、通信基站等关键设施提供不间断电源支持。

电动汽车充电桩：电动汽车充电桩中的储能飞轮可以减

少对电网增容的需求，同时提供快速充电能力，对推动电动汽车的普及具有重要意义。

不同的储能飞轮，其应用领域和特点是不同的。具体见表 9–1。

表 9–1　各类储能飞轮的对比

应用领域	机械储能飞轮	电磁储能飞轮	电化学储能飞轮
电网调频	适用，响应速度快，但能量密度相对较低	适用，能量密度高，但成本较高	不适用，技术尚不成熟
轨道交通	适用，能效高，但需考虑飞轮尺寸和重量	适用，技术成熟度高，但成本较高	不适用，技术尚不成熟
不间断电源	适用，快速响应，寿命长	适用，能量密度高，寿命长	不适用，技术尚不成熟
电动汽车充电桩	适用，快速充电，减小电网压力	适用，技术成熟度高，但成本较高	不适用，技术尚不成熟

通过上述分类和对比，我们可以看到飞轮储能技术在不同领域的应用现状和潜力。随着技术的不断进步和成本的降低，预计飞轮储能技术将在更多领域得到应用，为能源存储和管理提供新的解决方案。

三、发展历程与现状

1. 飞轮储能技术的发展历程

飞轮储能技术的历史可以追溯到 200 多年前的瓦特蒸汽机时代，主要用于减轻蒸汽发动机运转过程中的速度波动，提高机器运转稳定性。不过，飞轮储能技术作为现代储能解决方案的探索，始于20世纪50年代。当时，学术界开始研究飞轮储能，但受限于彼时的技术水平，进展相对缓慢。

转折点出现在1973年，全球石油危机的爆发使得能源供应的战略地位凸显，飞轮的能量存储潜力开始受到重视。美国能源研究与开发署等机构率先展开了对飞轮储能技术的研究。随后，飞轮储能技术的研究和应用逐渐扩展到其他国家，如英国、法国等。

进入20世纪90年代中后期，飞轮储能开始进入产业化发展的新阶段。美国最先尝试在不间断供电领域将飞轮储能技术商业化应用，此举推动了飞轮储能不间断电源市场持续增长。中国科学院也在同一时期开始进行飞轮储能的技术研究。

21世纪初，飞轮储能技术的应用进一步拓展。2001年，英国、美国、法国、德国陆续采用飞轮吸收制动动能，这标志着飞轮储能技术在交通运输领域的应用开始成熟。2020年，中国发布首个飞轮储能技术标准文件《飞轮储能系统通用技术条件》，体现了中国飞轮储能技术的快速发展，也预示着标准化、规范化管理的到来。

在飞轮储能技术的发展历程中，技术突破和应用的多样化是显著特点。从最初的机械储能飞轮到电磁储能飞轮，再到电化学储能飞轮，技术的演进不断推动飞轮储能系统向更高能量密度、更长寿命、更快速充放电的方向发展。在航空航天领域，美国国家航空航天局（NASA）的研究推动了高比强度飞轮转子材料、磁轴承以及电动/发电两用高速电机等技术的发展。在车辆动力领域，美国于20世纪70年代提出的超级飞轮储能计划，实现了多种工程样机的示范应用。

飞轮储能技术的发展历程，不仅是一系列技术突破的记录，也是人类探索和创新能源方式的历史。随着技术的持续成熟和成本进一步降低，飞轮储能技术正逐步成为未来能源革命的重要力量。

2. 飞轮储能技术的发展现状

飞轮储能技术作为储能领域的一颗新星，近年来在全球范围内得到了快速发展和广泛应用。其独特的技术优势和规模化应用前景，使得飞轮储能技术在能源存储和管理方面展现出巨大的潜力。

在全球范围内，飞轮储能技术的市场发展呈现出积极的增长态势。根据相关市场研究报告，飞轮储能技术的市场规模正在不断扩大，预计未来几年内将持续保持增长趋势。北美和欧洲作为飞轮储能技术的先行者，市场发展较为成熟，装机规模较大。在亚洲市场，由于对新能源和智能电网的大力投资，飞轮储能技术的应用也呈现出快速增长的趋势。

在中国，随着国家对新能源和储能技术的重视，以及相关政策的支持，飞轮储能技术在中国市场的应用得到了快速发展。中国在飞轮储能技术方面的研究和应用起步较晚，但发展速度迅猛，特别是在电网调频、轨道交通和不间断电源系统等领域。

中国市场的飞轮储能装机规模正在不断扩大。根据中国储能产业联盟发布的数据，飞轮储能技术在中国的装机容量已经达到了一定的规模，预计未来几年内还将持续增长。区域分布上，东部沿海经济发达地区由于对新能源和智能电网的需求较大，飞轮储能技术的应用较为集中。同时，随着西部地区新能源项目的开发，飞轮储能技术在西部地区的应用也逐渐增多。

市场份额方面，中国本土企业通过技术创新和成本控制，逐渐占据了较大的市场份额。同时，国际知名飞轮储能技术企业也积极进入中国市场，与本土企业展开竞争与合作，见表 9–2。

表 9–2　中国与全球飞轮储能市场发展对比

市场区域	装机规模	区域分布	市场份额
全球	稳步增长	北美、欧洲领先，亚洲市场增长迅速	国际企业与本土企业竞争激烈
中国	快速增长	东部沿海地区为主，西部地区逐渐增多	本土企业占据较大份额，国际企业积极进入

通过上述对比，我们可以看出，飞轮储能技术在全球和中国市场都呈现出积极的发展态势。尽管全球市场中北美和欧洲仍然占据领先地位，但亚洲市场，尤其是中国市场的发展速度不容小觑。随着技术的不断进步和成本的进一步降低，预计飞轮储能技术将在未来几年内继续保持增长势头，为全球能源存储和管理提供新的解决方案。

四、飞轮储能技术的优势与挑战

飞轮储能技术在现代能源存储领域中脱颖而出，其优势主要体现在以下几个方面。

高功率密度与快速响应： 飞轮储能系统能够提供极高的

功率密度，这意味着在单位时间内，飞轮储能可以释放或吸收大量的能量。与化学电池相比，飞轮储能系统在响应速度上具有明显优势。化学电池的充放电过程受到化学反应速率的限制，而飞轮储能系统则依赖于机械运动，因此可以实现几乎瞬时的能量转换。这种快速响应能力使得飞轮储能技术特别适合于需要快速能量调节的应用场景，如电网调频、不间断电源系统等。

长寿命与高可靠性：飞轮储能系统的寿命长，一般在 20 年以上，甚至可达 25 年以上。这主要得益于飞轮储能系统中没有化学反应过程，因此不存在因充放电循环导致的材料老化问题。此外，飞轮储能系统在运行过程中几乎不产生热量，这减少了能量损耗，提高了系统的可靠性。在电网调频等关键应用中，这种高可靠性和长寿命特性尤为重要，因为它们确保了系统在关键时刻能够稳定运行。

环境友好与低维护成本：飞轮储能技术是一种绿色环保的储能方式，它不涉及有害化学物质，因此不存在电池回收和处理的环境问题。此外，飞轮储能系统在运行过程中几乎不需要维护，这降低了长期运营成本。与需要定期更换电解液和电极的化学电池相比，飞轮储能系统的这一优势尤为突出。

高效率与成本效益：飞轮储能技术的能量转换效率高达 85% 到 90%。这意味着在能量存储和释放过程中，能够获得较高的能量利用率。虽然初始投资成本可能相对较高，但考虑到其长寿命和低维护需求，飞轮储能技术在全生命周期内的成本效益是显著的。特别是在需要频繁充放电的应用场景中，飞轮储能技术的高效率和低维护特性能够带来长期的经济效益。

应用场景的多样性：飞轮储能技术的应用场景非常广泛，包括但不限于电网调频、城市轨道交通、不间断电源系统、电动汽车充电桩等。在电网调频中，飞轮储能系统可以快速平衡电网供需，提高电网的稳定性和可靠性。在城市轨道交通中，飞轮储能技术可以回收列车制动时的动能，并在列车加速时释放能量，提高能效。在不间断电源系统中，飞轮储能系统以其快速响应和长寿命的特点，为关键设施提供不间断电源支持。在电动汽车充电桩中，飞轮储能技术可以减少对电网增容的需求，同时提供快速充电能力。

总体来看，飞轮储能技术以其独特的技术优势，在储能领域中展现出巨大的潜力和应用价值。随着技术的不断进步和成本的进一步降低，飞轮储能技术有望在未来的能源革命中扮演关键角色，为构建更加高效、可靠和可持续的能源系统做出重要贡献。

尽管飞轮储能技术在多个方面展现出显著的优势，但其发展和普及仍面临一系列挑战。

技术成熟度：飞轮储能技术虽然已经取得了一定的进展，但与成熟的化学电池技术相比，其技术成熟度仍有待提高。目前，飞轮储能系统在能量密度、效率和可靠性方面仍存在一定的局限性。例如，尽管飞轮储能系统具有高功率密度和快速响应能力，但其能量密度相对较低，这意味着在同等体积或重量下，飞轮储能系统储存的能量少于化学电池。此外，飞轮储能系统在实际应用中可能面临转着材料强度、轴承寿命和控制系统的进一步优化问题。

成本居高不下：成本是飞轮储能技术普及的另一个关键

障碍。尽管飞轮储能系统在全生命周期内具有成本效益，但其初始投资成本相对较高。这主要是由于飞轮储能系统需要使用高性能材料和先进的制造技术，如真空磁悬浮轴承和高速电机等。此外，飞轮储能系统的研发和制造需要较高的技术门槛，这进一步增加了成本。为了推动飞轮储能技术的商业化，需要通过技术创新和规模化生产来降低成本。

安全性考量：安全性是飞轮储能技术需要面对的重要挑战之一。在飞轮储能系统运行过程中，飞轮以极高的速度旋转，这可能导致潜在的安全风险。例如，如果飞轮的转子材料或轴承出现故障，可能会导致飞轮破裂，产生高速碎片，对周围环境和人员造成伤害。因此，飞轮储能系统需要严格的安全设计和监控措施，以确保其在各种运行条件下的安全性。

市场接受度：市场接受度是飞轮储能技术推广的另一个挑战。由于飞轮储能技术相对较新，许多潜在用户对其性能、可靠性和成本效益缺乏足够的了解。此外，飞轮储能技术需要与现有的能源存储解决方案竞争，如化学电池和抽水蓄能等。为了提高市场接受度，飞轮储能技术需要通过实际应用案例展示其优势，并通过教育和市场推广活动提高公众和潜在用户对此的认知。

技术创新与合作：为了克服上述挑战，飞轮储能技术需要持续的技术创新和跨领域的合作。通过与材料科学、机械工程、电子工程等领域的专家合作，可以推动飞轮储能技术在材料、设计和控制等方面的进步。同时，与能源公司、交通部门和政府机构的合作，可以为飞轮储能技术提供更多的应用场景和资金支持，加速技术的商业化进程。

当然，飞轮储能技术虽然面临一系列挑战，但其独特的技术优势和广阔的应用前景使其成为储能领域的重要发展方向。通过持续的技术创新、成本控制和市场推广，飞轮储能技术有望在未来能源革命中发挥关键作用，为构建更加高效、可靠和可持续的能源系统做出贡献。

五、未来发展趋势与展望

随着全球能源结构的转型和对可持续发展的追求，飞轮储能技术正迎来前所未有的发展机遇。未来飞轮储能技术的发展趋势将受到技术进步、市场需求变化以及政策导向等多方面因素的影响。

技术创新与突破：飞轮储能技术的未来发展将紧密依赖于技术创新和突破。随着材料科学、电机设计、能量管理系统等领域的进步，飞轮储能系统将实现更高的能量密度、更长的使用寿命和更低的维护成本。例如，采用新型复合材料的飞轮可以承受更高的转速，从而储存更多的能量；而先进的电机和控制技术将提高系统的转换效率和响应速度。此外，飞轮储能技术与化学电池的混合储能系统，将为特定应用场景提供更加优化的解决方案。这种混合系统可以结合飞轮储能的快速响应特性和化学电池的高能量密度，满足不同应用场合的需求。

市场需求的演变：随着全球能源需求的增长和可再生能源的普及，电网对灵活性和调节能力的需求日益增加。飞轮储能技术以其快速响应和高功率密度的特点，将成为满足这一需求的关键技术之一。特别是在大型电网调频、新能源电站并网、城市轨道交通等领域，飞轮储能技术的应用将越来越广泛。同时，随着电动汽车市场的快速发展，对快速充电设施的需求也在不断增长。飞轮储能技术可以作为电动汽车充电桩的缓冲设备，吸收电网波动负荷，保证充电桩的稳定供电，从而推动电动汽车的普及。

政策与法规的推动： 政府政策和法规的支持是推动飞轮储能技术发展的重要因素。许多国家已经出台了支持储能技术发展的政策和补贴措施，以促进清洁能源的利用和电网现代化。未来，随着对储能技术重要性的进一步认识，预计会有更多的政策出台，为飞轮储能技术的发展提供支持。

环境与可持续发展的要求： 环境问题和可持续发展的需求是推动飞轮储能技术发展的另一个重要因素。飞轮储能技术作为一种环境友好型储能技术，其无污染、长寿命和低维护成本的特点，成为各国实现绿色可持续发展目标的理想选择。随着全球对生态环境和气候保护意识的提高，飞轮储能技术的应用将得到进一步的推广。

综合应用与系统集成： 飞轮储能技术的未来发展还将体现在综合应用和系统集成方面。通过与太阳能、风能等可再生能源技术的集成，飞轮储能技术可以提供更加稳定和可靠的能源供应。此外，飞轮储能系统可以与智能电网技术相结合，实现能源的优化管理和分配，提高能源利用效率。

随着全球能源转型和可持续发展的不断推进，飞轮储能技术正逐渐成为能源领域的一股不可忽视的力量。未来，飞轮储能技术有望在能源转型和可持续发展中扮演关键角色，为构建更加高效、可靠和可持续的能源系统做出重要贡献。

第二节 已知能量极限在哪里

一、技术相关因素

飞轮储能技术的能量密度是指单位质量或体积的飞轮能够储存的能量大小。它是衡量飞轮储能系统性能的关键指标之一，直接关系到储能系统的实用性和经济性。在飞轮储能系统中，能量密度的高低受到多种因素的影响，包括飞轮材料、转速、转动惯量等。

飞轮材料是影响能量密度的首要因素。理想的飞轮材料应具备高强度、低密度、耐疲劳性和耐腐蚀性。目前，碳纤维复合材料因其优异的性能而成为飞轮储能领域的首选材料。碳纤维复合材料不仅强度高和密度低，而且耐疲劳性能优异，能够承受长时间的高速旋转而不发生断裂。通过不断优化碳纤维的编织方式和树脂基体，可以进一步提高飞轮的能量密度。

转速是另一个影响能量密度的重要因素。其他条件不变的情况下，提高飞轮的转速可以成倍增加其能量密度。转速的提高同时也受到飞轮材料强度和旋转离心力的限制。为了确保飞轮在高速旋转时的安全性，必须使用高强度材料，并通过精确的工程设计来控制飞轮的形状和质量分布。

转动惯量是影响能量密度的第三个关键因素。飞轮的转动惯量与其储存能量成正比，而转动惯量又与飞轮的质量和形状有关。通过优化飞轮的几何设计，例如采用空心结构或优化质量分布，可以在不增加飞轮自身质量的情况下增加转动惯量，从而提高能量密度。

除了上述因素，飞轮储能系统的能量密度还受到制造工艺、系统集成和控制策略的影响。例如，采用先进的制造技术可以减少飞轮的制造缺陷，提高其整体性能。同时，通过优化系统集成和控制策略，可以减少能量在转换过程中的损耗，进一步提高能量密度。

随着技术的不断进步，飞轮储能技术的能量密度有望得到进一步提升。例如，通过研发新型复合材料和超导磁悬浮技术，可以有效降低飞轮储能系统的自放电率和摩擦损耗，从而提高能量密度。此外，通过改进飞轮的外形设计和制造工艺，可以优化飞轮的质量结构和转动惯量，实现能量密度的提升。

二、充放电效率

飞轮储能系统的充放电效率是衡量其性能的关键指标之一，它直接关系到储能系统的经济性和实用性。在飞轮储能系统中，充放电效率受到多个因素的影响，包括电机效率、控制器效率、摩擦损耗等。提高充放电效率不仅可以提升系统的整体性能，还能降低运行成本，延长设备的使用寿命。

首先，电机效率是影响飞轮储能系统充放电效率的重要因素。电机在将电能转换为机械能（充电过程）以及将机械能转换回电能（放电过程）时，都会有一定的能量损失。这些损失主要来自电机内部的电阻损耗、磁滞损耗和涡流损耗。为了提高转换效率，可以采用高效率的电机设计，如使用永磁同步电机，这种电机具有更高的能量转换效率和更低的损耗。同时，通过优化电机的控制策略，如采用矢量控制技术，可以进一步减少电机在运行过程中的能量损耗。

其次，控制器效率对飞轮储能系统的充放电效率也会产生重要影响。控制器负责调节电机的运行状态，包括控制电机的启动、停止、加速和减速等。高效的控制器可以精确控制电机的运行，减少不必要的能量消耗。例如，采用先进的电力电子技术，如绝缘栅双极晶体管和碳化硅器件，可以提高控制器的开关速度和效率，从而减少能量在转换过程中的损耗。

再次，摩擦损耗是飞轮储能系统中不可避免的一部分，它主要来自轴承系统。为了降低飞轮摩擦损耗，现代飞轮储能系统普遍采用磁悬浮轴承。磁力轴承将飞轮悬浮在空中，几乎消除了机械接触，从而大幅减少了摩擦损耗。此外，通过优化轴承的设计和材料，如使用高性能的润滑材料和精密加工技术，也可以进一步降低摩擦损耗，提高系统的充放电效率。

最后，飞轮储能系统的充放电效率还受到系统集成和环境因素的影响。例如，飞轮储能系统在设计时需要考虑整体的热管理，确保系统在运行过程中不会因过热而影响效率。同时，系统的维护和保养也对保持高效率至关重要。定期检查和维护轴承、电机和其他关键部件，可以及时发现并解决可能导致效率下降的问题。

为了进一步提高飞轮储能系统的充放电效率，研究人员和工程师们正在探索多种创新技术。例如，通过引入智能管理系统，可以实时监控飞轮储能系统的运行状态，自动调整运行参数以优化效率。此外，通过研究和开发新型材料，如超导材料和新型复合材料，可以进一步降低系统内部的能量损耗，提高充放电效率。

三、寿命与稳定性

飞轮储能系统的寿命和稳定性是决定其在实际应用中可行性的关键因素。在飞轮储能系统中，飞轮转子的寿命直接关系到整个系统的使用寿命，而系统的稳定性则影响到储能效率和安全性。

飞轮转子的寿命受到多种因素的影响，其中材料疲劳是主要因素之一。飞轮在高速旋转时，由于离心力的作用，材料会经历周期性的应力循环，这可能导致材料疲劳和裂纹的产生。为了延长飞轮的使用寿命，需要选择高强度、高韧性的材料，如碳纤维复合材料，它们能够承受长时间的高速旋转而不发生断裂。此外，通过优化飞轮的形状设计，可以减少应力集中，从而降低材料疲劳的风险。

风阻和摩擦也是影响飞轮寿命的重要因素。在飞轮的旋转过程中，空气阻力和轴承摩擦会导致能量损失，长期作用下会加速材料的磨损。采用磁悬浮轴承技术可以显著降低摩擦损耗，因为磁悬浮轴承几乎消除了机械接触，从而大幅减少了摩擦损耗。同时，在飞轮表面涂覆特氟龙这类低摩擦系数的材料，也可以有效减少风阻和摩擦损耗。

飞轮储能系统的稳定性受到多种因素的影响，包括外部环境因素和系统内部因素。外部环境因素如地震、风浪等自然灾害，以及人为因素和设备故障等，都可能对飞轮储能系统的稳定性造成影响。为了提高飞轮储能系统的稳定性，需要考虑冗余设计，确保关键部件如飞轮和轴承具有足够的安全系数。此外，采用高可靠性控制系统，可以实时监测系统状态，及时发现并处理潜在的不稳定因素。

系统内部因素，如飞轮转子的平衡性、轴承的精度和电机的控制精度，也对系统的稳定性至关重要。飞轮转子的不平衡会导致振动，影响系统的稳定运行。因此，需要在制造过程中对飞轮进行精确的动平衡测试，并在安装时确保其与轴承和电机的精确对准。同时，采用高精度的轴承和电机，以及先进的控制算法，可以有效减少系统的振动和噪声，提高整体的稳定性。

为了延长飞轮储能系统的使用寿命，除了选择合适的材料和优化设计，还可以通过技术改进来实现。例如，研发智能管理系统，利用物联网和大数据技术对飞轮储能系统进行实时监控和智能管理，可以及时发现并解决潜在问题，从而提高设备运行效率和使用寿命。此外，通过定期的维护和检查，可以及时发现并修复飞轮、轴承和其他关键部件的微小损伤，防止问题的扩大。

四、飞轮储能技术的创新

随着全球能源转型和可持续发展的需求日益增长，飞轮储能技术作为一项高效、环保的储能解决方案，正迎来前所未有的发展机遇。创新是推动飞轮储能技术不断进步的关键动力，而磁悬浮、材料科学、电学电子等技术的最新进展，为飞轮储能技术的进步提供强大支撑。

材料科学的进步为飞轮储能技术提供了更轻、更强、更耐用的材料选择。由于优异的强度刚度和较低的密度，碳纤维复合材料已成为飞轮储能领域的重要材料。未来，随着纳米技术的发展，碳纳米管和石墨烯等新型碳材料有望被应用于飞轮储能系统中，进一步提高飞轮的储能密度和机械性能。此外，研究者们也在探索使用陶瓷基复合材料和金属基复合材料，以期达到更高的能量密度和更长的使用寿命。

磁悬浮技术的突破为飞轮储能系统带来了革命性的变革。传统的机械轴承由于摩擦损耗和磨损问题，限制了飞轮储能系统的效率和寿命。磁悬浮轴承通过磁力悬浮飞轮，几乎消除了机械接触，大幅降低了摩擦损耗，提高了系统的稳定性和效率。未来，如果高温超导技术实现突破，超导磁悬浮轴承有望实现更高的悬浮稳定性和更低的能耗，进一步推动飞轮储能技术的性能提升。

电力电子技术能为飞轮储能系统提供高效、灵活的能量转换和控制手段。现代飞轮储能系统中，电力电子装置负责能量高效转换，以及对输出电能的调节和控制。随着功率电子器件性能的提升，如碳化硅（SiC）和氮化镓（GaN）器件的应用，飞轮储能系统的转换效率和响应速度将得到显著提高。智能电力电子技术的发展，如基于人工智能的控制算法，将使飞轮储能系统更加智能化，能够根据电网需求和飞轮状态自动优化运行策略。

系统集成与控制策略的创新是飞轮储能技术发展的另一个重要方向。将飞轮储能系统与其他储能技术（如电池储能、超级电容器等）进行集成，可以实现互补，提高储能系统的整体性能。同时，先进的控制策略，如基于模型预测控制的算法，可以实现对飞轮储能系统运行状态的精确控制，优化充放电过程，提高系统的稳定性和效率。

这些领域的最新进展为飞轮储能技术的进一步发展提供了坚实的基础。随着技术的不断进步和创新，飞轮储能技术有望在未来的能源存储领域发挥更加重要的作用，为实现能源的高效利用和可持续发展做出贡献。

第三节　美军航母上的储能技术

一、储能技术在航空母舰中的重要性

航空母舰，作为海上移动的军事堡垒，其核心力量不仅在于舰载机的种类和数量，更在于其支持舰载机起降的先进技术和系统。在这些技术中，储能技术扮演着至关重要的角色。它不仅关系到航空母舰的作战能力，还直接关系到舰载机的出动效率和航母的持续作战时长。

美国海军储能技术的发展历程，是随着航空母舰的演变而不断进步的。从早期的蒸汽弹射系统到现代的电磁弹射系统，每一次技术的飞跃都伴随着储能技术的革新。蒸汽弹射系统依赖于锅炉产生的高压蒸汽，而电磁弹射系统则需要强大的电力支持。随着技术的演进，储能技术也从简单的锅炉储能，

发展到复杂的飞轮储能，再到如今的超级电容器储能。

在航空母舰上，储能技术的重要性体现在多个方面。首先，它确保了舰载机能够在短时间内快速起飞，这对于在紧张的海战环境中迅速形成空中优势至关重要。其次，储能技术的效率直接影响到航母的能源使用效率，进而影响到整个航母战斗群的作战半径和持续作战能力。最后，随着现代战争对电子设备依赖性的增加，储能技术还关系到航母上各种电子设备的稳定运行。

在未来的海战中，储能技术将面临更多挑战。随着舰载机技术的不断进步，对电力的需求将越来越大。同时，随着隐身技术、无人机技术的发展，对储能系统的响应速度和稳定性要求也越来越高。因此，储能技术的未来发展方向，将直接影响航空母舰的作战能力和发展潜力。

储能技术在航空母舰中的作用和重要性不言而喻。它不仅是航空母舰技术进步的标志，更是决定未来海战走向的关键因素。随着技术的不断演进，储能技术将继续在航空母舰的发展中扮演着不可或缺的角色。

1. 储能技术的早期发展与应用

在航空母舰上，飞轮储能技术的应用主要体现在为电磁弹射系统提供瞬时高功率输出。电磁弹射系统（Electromagnetic Aircraft Launch System，EMALS）是福特级航空母舰的关键技术之一，它利用电磁力来加速飞机，相较于传统的蒸汽弹射系统，具有更高的效率和更低的维护成本。然而，电磁弹射系统对能量的需求极高，需要在极短的时间内释放大量能量，这就要求储能系统必须能够快速响应并提供稳定的能量输出。

高速旋转的飞轮储存巨大能量，当需要为电磁弹射系统提供能量时，飞轮会迅速减速，将储存的动能转化为电能，通过电力系统驱动电磁弹射器。这种系统的优势在于其响应速度快，能量转换效率高，且没有化学反应带来的安全风险。然而，飞轮储能系统也存在局限性，例如需要较大的空间来安装飞轮，以及对飞轮材料和制造工艺的高要求。

在福特级航母上，飞轮储能系统的设计和应用是海军技术进步的一个缩影。尽管面临挑战，但飞轮储能技术的引入，无疑为航空母舰的未来发展提供了新的动力和可能性。随着技术的不断进步，未来飞轮储能系统有望在效率、体积和成本上取得更大的突破，为航空母舰乃至其他军事和民用领域带来更广泛的应用前景。

2. 早期储能技术的局限性与挑战

在航空母舰的发展历程中，储能技术的进步一直是推动其作战能力提升的关键因素。早期的储能技术，如传统的化学电池和飞轮储能系统，虽然在一定程度上满足了航空母舰的能量需求，但它们也面临着一系列的局限性和挑战。

首先，传统的化学电池，尤其是铅酸电池和镍镉电池，虽然成本相对较低，但它们的重量大、体积庞大，且能量密度有限。这使得它们在航空母舰上的应用受到限制，因为航母需要在有限的空间内储存大量的能量以支持其复杂的作战系统。此外，这些电池的充放电周期短，维护成本高，且存在环境污染问题，因为它们含有重金属和有害化学物质。

飞轮储能系统虽然在能量密度和充放电效率方面有所优势，但其对空间和重量的要求同样不容忽视。早期的飞轮储能系统需要占用较大的空间，并且对飞轮的材料和制造工艺要求极高，这增加了系统的复杂性和成本。同时，飞轮在高速旋转时产生的巨大离心力也对系统的稳定性和安全性提出了挑战。

在航空母舰的特殊环境中，储能系统还必须能够承受极端的温度变化、高湿度以及剧烈的机械振动。早期的储能技术往往难以满足这些苛刻的条件，导致其在实际应用中的可靠性和寿命受到限制。

随着技术的发展，美国海军开始寻求更为先进和可靠的储能解决方案。例如，福特级航空母舰采用改进的飞轮电机储能系统，尽管解决了部分早期技术的局限性，但仍然面临着新的挑战，如系统复杂性高、维护要求严格等问题。这些挑战促使美国海军不断探索和开发新的储能技术，以期在未来的海战中保持技术优势。

二、美国海军航空母舰储能技术的创新与挑战

福特级航空母舰是美国海军的新一代核动力航母，其引入的飞轮储能系统（FESS）是航空母舰技术发展史上的一个重要里程碑。该系统的设计初衷是为了支持电磁弹射系统的高效运作，它不仅代表了美国在海军技术上的先进性，同时也体现了对传统储能技术的革新。

飞轮储能系统的工作原理基于动能的储存与释放。在福特级航母上，飞轮被安置在专门设计的舱室内，它们在高速旋转时储存能量。当需要为电磁弹射系统提供动力时，飞轮会迅速减速，将储存的动能转化为电能，通过电力系统驱动电磁弹

射器。这一过程几乎可以在瞬间完成，为舰载机的起飞提供了强大的动力支持。

福特级航母的电磁弹射系统的储能系统中，每个飞轮储能可达 121 兆焦（34 千瓦时）以上。与传统的蒸汽弹射系统相比，电磁弹射系统在多个方面实现了技术创新，显著提升了航空母舰的作战能力。

首先，电磁弹射系统采用了先进的电磁技术，通过电磁线圈产生的强大磁场来加速飞机。这一技术相较于蒸汽弹射系统，能够提供更加平稳和可控的加速过程，从而减少了对飞机结构的冲击和磨损，延长了舰载机的使用寿命。同时，电磁弹射系统能够更精确地控制弹射力量，使得飞机在起飞时能够携带更多的燃料和武器，增强了舰载机的作战半径和打击能力。

其次，电磁弹射系统的创新还体现在对弹射能量的管理上。通过使用先进的电力转换和控制系统，其能够更高效地利用航母上的电力资源，实现能量的快速回收和再利用。这种能量回收机制不仅提高系统的整体效率，还减少对航母动力系统的依赖，降低运行成本。

再次，电磁弹射系统的模块化设计使得系统的维护和升级变得更加便捷。与传统的蒸汽弹射系统相比，其维护周期更长，维护工作量更小，这大大提高了航母的出勤率和作战准备状态。在战时，这种高可靠性和快速维护能力对于保持持续的作战能力至关重要。

最后，电磁弹射系统的引入还意味着对航母上其他系统的协同优化。例如，电磁弹射系统与舰载机的电子系统更加兼容，能够实现更高级别的自动化和信息化管理。这不仅提高了舰载机的出动效率，还增强了整个航母战斗群的作战协同能力。

福特级航空母舰的飞轮储能系统虽然在技术上具有创新性，但其可靠性问题一直是军事专家和工程师关注的焦点。在实际操作中，飞轮储能系统暴露出的几个关键问题，对航母的作战能力产生了直接的影响。

首先，飞轮储能系统的可靠性受到其物理特性的限制。由于飞轮需要在高速旋转状态下储存能量，任何机械故障都可能导致飞轮的突然停止，进而影响整个系统的正常运作。在航母这种需要 24 小时待命的平台上，任何系统故障都可能造成严重的后果，包括影响舰载机的起飞和降落，进而影响航母的作战效率和反应速度。

其次，飞轮储能系统的维护要求较高。由于飞轮在高速旋转时产生的巨大离心力，对飞轮的材料和制造工艺要求极高，需要定期进行系统检查和维护，以确保飞轮正常运行。然而，海上环境恶劣，航母的维护工作不仅耗时耗力，而且在战时可能难以进行，这无疑增加了系统的不可靠性。

再次，飞轮储能系统的体积和重量限制了其在航母上的部署数量。福特级航母上只有两个飞轮储能系统，这使得航母在面对系统故障时的冗余性不足。一旦一个系统需要维修，航母的弹射作业能力就会受到限制，这在战时可能会对航母的作战能力造成严重影响。

最后，飞轮储能系统的能量密度和转换效率问题也影响其可靠性。由于核动力航母的高能量输出，飞轮储能系统在储存能量时会遇到电能损耗的问题。此外，飞轮储能系统在实际应用中无法提供足够的功率支持舰载机满载起飞，这限制了航母战斗群的火力支援能力。

很显然，储能技术在提升航母作战能力方面具有重要作用，但同时也面临着一系列挑战。未来，通过技术创新和系统优化，可以进一步提高储能系统的性能，确保航母在各种复杂环境下的作战效能。

第十章
氢（氨）储能

第一节　从“氢能”到“氢储能”

一、氢能源是最“干净”的能源吗

“氢、氦、锂、铍、硼，碳、氮、氧、氟、氖”，这样一句朗朗上口的口诀，总能勾起大家心中的化学记忆。作为元素周期表首当其冲的1号元素，“氢”有着极其简单的原子结构，也是最轻的元素。极致的简单造就极致的美感，就如同每一位数学人都不可避免地对最简单的“0”和“1”有所青睐，化学家们也难以免疫氢元素的种种魅力。

虽说是目前已知的最轻元素，但氢元素在整个宇宙中的分量可一点儿都不轻，足足占据了整个宇宙约75%的质量，比它“稍大”一些的氦也占据了约24%。为何偏偏是最轻最简单的氢元素含量最高呢？究其原因就是氢元素的原子结构简单，只有一个质子，在宇宙形成初期高温高压下最容易合成。

既然氢元素占据了如此多的质量，如果它能够成为能量来源，地球岂不是有取之不尽用之不竭的能源？我们所熟知的太阳能就是可再生能源的代表，从某种意义上说，太阳能也可以叫作“氢”能源，因为说到底太阳的能量来源就是内部的氢氦聚变反应，也正因此，人造太阳（可控核聚变）也成了氢能源利用的一个方向。

不过，可控核聚变技术还存在诸多技术难题，距离商用还有很长一段路要走，但科学家们还是致力于开发氢能源的其他利用途径，如燃烧供能、氢储能、氢燃料电池等。

科学家们致力于氢能源的开发和利用，仅仅是因为氢元素的含量多吗？这自然是原因之一，可氢能源能够成为新晋能源，不仅仅是“以量取胜”，而是凭借自身极佳燃烧性能。氢能热值约是汽油的 3 倍，仅次于核燃料。这还不是最主要的，关键是氢的燃烧产物只有水，真正地做到了零碳零污染，是最干净的能源，无疑为全球环境治理和碳中和目标提供了新的解决路径，因此氢能算得上是 21 世纪最具发展前景的二次清洁能源。

二、氢能的制备

目前我国已成为世界第一大产氢国。在 2030 年碳达峰背景下，作为清洁能源，氢气在我国的年需求量将达到 3715 万吨，而在 2023 年我国氢产能总产量已经达到 3545 万吨，那么这些氢能是如何生产出来的呢？氢能的制取历史由来已久，目前主要有三类制氢方法，分别是化石能源制氢（灰氢）、工业副产气制氢（蓝氢）和电解水制氢（绿氢）。

1. 化石能源制氢

这种方式就是利用传统的化石能源生产氢气，如煤、天然气重整制氢等，是目前最为成熟完备的制氢技术，也是氢气最大的产出来源。相较而言，石油由于成本较高且制氢途径复杂，较少应用于制氢。

在我国能源结构中，石油和天然气储量较少，大多还要依赖进口，相比而言，却有丰富的煤炭资源。因地制宜搞发展，煤制氢技术自然成为我国制氢的重要途径，同时也是煤清洁利用的重要途径。其技术路线主要有煤气化、煤焦化和煤的超临界水气化三种。它们的过程有所区别，但其化学转化过程都可简化为：

$$C+2H_2O \rightarrow CO_2+2H_2$$

天然气在大家的日常生活中也比较熟悉，其主要成分是甲烷，化学式为 CH_4，从这就不难看出，甲烷中氢含量较高，拥有较高的产氢量，因而也是一条不错的产氢途径。天然气制氢工艺多样，整个化学转化过程可以简单概括为：

$$CH_4+2H_2O \rightarrow CO_2\uparrow+4H_2\uparrow$$

2. 工业副产气制氢

工业生产离不开化石能源，在工业生产过程中，难免会产生大量副产品。例如在焦炭的生产过程中，产出 1 吨焦炭的同时，会有 350~450 立方米焦炉煤气副产品伴随生成，而焦炉煤气中就含有不低的氢气量，占 54%~59%。我国工业生产会产生大量副产氢，从中提炼过滤氢气无疑是一种优质途径。

化石能源制氢和工业副产气制氢两条路径发展历史悠久，技术较为成熟，最关键的是成本不高，因此占据了目前氢能产量的绝大比例。但从整个制氢的化学转化过程就可以看出，这两种途径生产氢气的同时会产生大量二氧化碳，不利于低碳发展目标的实现。前者生产出来的氢气称为“灰氢”，后者称为“蓝氢”。

3. 电解水制氢

电解水制氢的原理也极为简单，就是将水通电从而电解产生氢气和氧气，整个过程不会产生任何其他污染气体排放，制氢所需用电可以利用核电，也可利用风电、光伏发电、水电等可再生能源电力，由此产生的氢气叫作“绿氢”。我国电解水制氢发展历史较长，现在又致力于利用可再生能源制氢，已逐步实现工业化和规模化，制氢规模逐年增加。根据中商情报网发布的《2024—2029 年中国氢能行业深度分析及发展前景预测研究报告》，2023 年中国可再生能源电解水制氢仅占比 1.4%，虽说看起来占比不大，但要知道我国 2022 年电解水制氢占比还不到 1%。

三、储能的新路径

除了完美的清洁性和可再生性，氢能还有良好的可储存性，可以通过压缩气体、液氢、氢化物、吸附氢和重整燃料等形式进行储存，其中，液氢储存期限长、运输距离远、经济性好。这也就意味着氢可以作为良好的能量载体储存电能，特别是作为二次清洁能源，二者之间可以说是绝配。水电、风电、光电等清洁能源最大的缺陷就是时间和空间上的供需不平衡，用电低谷时期富余的电能难以消化，用电高峰期又会供不应求。虽然传统蓄水储能等能够解决一部分问题，但大多存在地域限制，难以灵活处理。氢储能作为新型储能形式，储运灵活、环境友好，能够有效弥补其他储能的不足。

1. 广义“电氢”储能和狭义“电氢电”储能

所谓“电氢”储能，即电氢之间的单向转换，将电能转化为氢气，以气态、液态、固态的形式储存下来，或者进一步转化为甲醇、氨气等化合物更安全地储存。这种情况下的氢储能使用主要是直接燃烧，广泛应用于航空航天领域。显然这种储能路径下的能量应用较为单调。

我们的日常生活已经离不开电，若能把储氢再转化为电能，也就是“电氢电”储能形式，那么氢储能的利用价值将更加多元化。于是科学家们便将目光投向燃料电池。燃料电池本质上是一个反向工作的电解槽，是水电解过程的逆转，使用氢气来制造水和电。它的化学性质与燃烧过程基本相同，归根结底就是氢和氧燃烧生成水并释放能量，只不过不同于直接燃烧，在燃料电池中，释放的是电能而不是热能。

在用电低谷期（例如深夜），将富余电能用于电解水制氢并进行储存；在用电高峰期，再通过燃料电池将氢能转化为电力并网使用。又或者，受天气或季节影响，在可再生能源发电充足时，利用多余电量电解水制氢储存，又在用电高峰时利用储存的氢气发电并网。相较于其他储能，氢储能除了前文提到的储运灵活、环境友好，还具备以下优势。

放电时间长、容量规模大：电化学储能、飞轮储能、压缩空气储能等放电时间都无法与氢能相比，最多不过以天计，而氢储能最大容量可达百吉瓦级别，放电时长可达数月甚至数年，在季节性储能方面有着绝对优势。

规模经济效益高：目前氢储能占比并不高，一个关键因素就是储运成本太高。但氢能产业链就如同交通基建一般，随着储能时间增加、储运系统完善、下游产业链完备，氢储能系统的边际成本将极大地降低，换句话来说，氢储能规模越大，边际成本越低。

应用范围广：在工业领域，氢气可用于生产氨、甲醇等基础化学品，同时也可作为还原剂，替代传统的焦炭，大幅降低碳排放；在生活领域，氢气可与天然气混合用于供暖；在交通领域，氢能为交通运输提供了一种清洁、高效的替代方案，适用于长距离、重载运输；此外，氢能网络与电网可形成互补，实现能源的分散式供应，减轻电网负担和电力远距离传输损耗。

2. 氢燃料电池是移动“充电宝”吗

得益于科技和新材料的进一步发展，现在的燃料电池相比之前有了很大的性能提升，已经被广泛应用于氢储能及下游产业，如氢燃料汽车等。根据国家发展和改革委员会 2022 年 3 月 23 日发布的《氢能产业发展中长期规划（2021—2035 年）》，我国在 2025 年要实现“燃料电池车辆保有量约 5 万辆，部署建设一批加氢站”。随着加氢站在各地的推广建设和氢燃料电池进一步发展完善，氢燃料汽车将逐步走进公众生活。

大家或许会有这样的疑问：氢燃料汽车就是由车上的储氢罐释放氢气，再经氢燃料电池产生电力驱动车辆，这不就相当于在车上安装了一个移动“充电宝”吗？从表面上来看还真可以这样去理解，充电宝可充当移动电源，没电后可充电补充；

氢燃料电池同样如此，可通过加氢站补充氢气持续供能，实现电力供需的时间错配。从这个方面来说，氢燃料电池就充当着“充电宝”的角色，但二者在工作原理上还是有较大区别的。

不同于传统锂电池蓄电，在氢燃料电池中，氢并不是储存在电池内部。氢燃料电池的工作原理并不复杂，见图 10–1。

关键在于利用电解质将燃料电池内部两个半反应分开，工作时电池外部的储氢罐输送氢气进入电池内部，在催化层催化剂的作用下，氢原子会快速脱去电子生成带正电的氢离子，随后氢离子在电解质内迁移至电池另一极，同氧气反应生成水，而脱去的电子则顺着外电路从电池阳极流向阴极，从而形成电流。两个半反应分别在阳极和阴极进行，对应外电路的正极与负极。

传统锂电池能量密度低，放电时间短，且能量耗尽后充电时间长。氢燃料电池的功能时长则取决于储存的氢气量，并且加氢站普及后补充燃料也将更为方便；但缺点则在于由于需要外置储氢罐，通常需要更大的体积。

3. 氢储能的不足之处

既然氢能源具有如此种种优势和完备的产业链，那现在应用市场如何呢？可以看一下中国电力储能累计装机情况，见图 10–2。

从图中可以看出，目前储能项目还是以传统抽水蓄能和锂电池储能为主。为何氢储能难以占据一席之地呢？主要还是因为氢储能起步较晚，目前还存在较多制约因素难以解决。

鱼和熊掌不可兼得。氢气拥有良好的清洁性，但换来的代价是较高的生产成本。目前主要通过化石能源、电解水等方

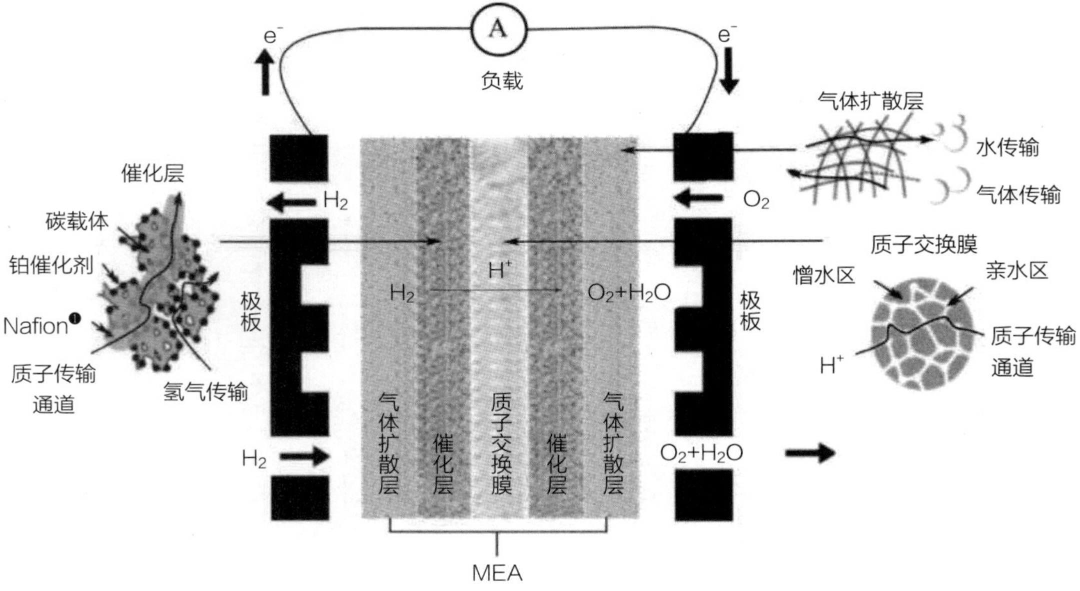

图 10-1　氢燃料电池的工作原理

❶ Nafion，一种全氟磺酸离子交换膜。——编者注

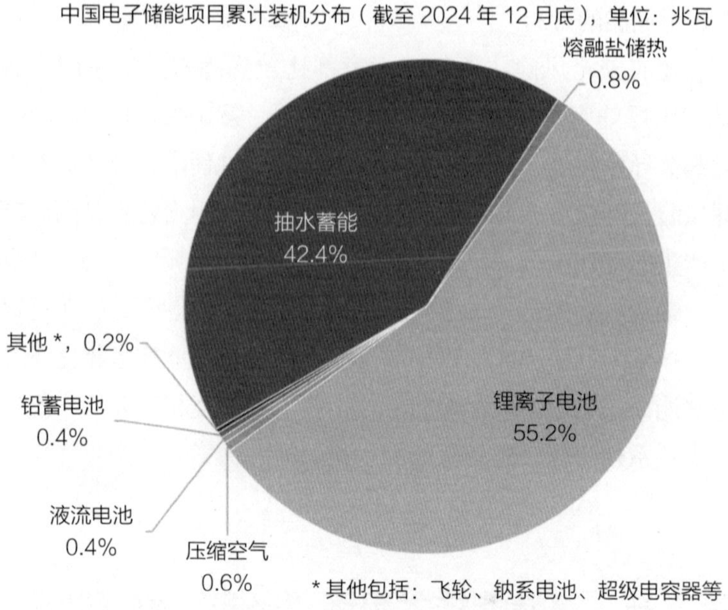

图 10-2　储能项目的类型占比

来源：《中国电力报》。

式生产，前者成本低但如果控制不好碳排放会带来污染，后者需要大量电能作为驱动力，无疑增加了成本。由于氢气是目前已知密度最小的气体，因此相比于其他气体而言，想要通过压缩得到同等质量的氢气，压缩后体积会更大，储存成本会更高。此外，由于氢气较为活泼，容易渗透，因此还需要建立专门的储氢设备和基础设施，建设和运维成本较高。从生产到储运的高成本，无疑限制了氢储能发电技术的应用范围。根据刘坚等《适应可再生能源消纳的储能技术经济性分析》，现阶段氢储能相比于其他储能而言调节成本更高，2020 年为 1.8 元 / 千瓦时左右，而锂电储能只需要 0.5 元 / 千瓦时左右，抽水蓄能成本不及锂电储能的 1/2。

还有安全风险。氢气球大家都比较熟悉，其正是因为容易发生爆炸意外才逐步被氦气球取代。氢气在含量 4%~75% 时都会导致爆炸，而在氢气的储存和运输过程中，难免会有泄漏风险，不仅可能导致能源浪费，如果遇到明火还容易因此产生严重的爆炸事故，危及公共安全。

最后，还有技术成熟度问题。成本和风险问题或许可以通过技术问题解决或加以控制，但国内外氢储能技术相比于其他储能而言仍处于较早期的阶段，技术成熟度相对较低，想要解决一系列问题，还有很长的一段路需要探索。

第二节　氢储能技术是否“条条大路通罗马”

十个指头不一般齐。仅仅是氢燃料电池的一块质子交换膜都有数种不同研究方向，整个氢能产业，从氢气的制取、存储、运输再到使用，都有着多种技术路径。那么这些技术路径是否“条条大路通罗马”，都能实现氢储能的最终应用呢?

一、电解水制氢技术路线

无论是广义“电氢”储能还是狭义“电氢电”储能，都离不了电解水制氢。就目前来看，较为成熟的电解水制氢技术主要有碱性电解水技术（ALK）、固体聚合物电解水技术、高温固体氧化物电解水技术（SOEC）三种。

碱性电解水技术作为电解水制氢的先驱者，发展历史最为悠久。由于纯水并不导电，因此以 KOH、NaOH 等碱性水溶液为电解质，通入直流电将水电解，从而生成氢气和氧气。电极材料多采用镍基材料，阳极 OH^- 发生析氧反应产生氧气，阴极由 H_2O 发生析氢反应产生氢气。碱性电解水技术较为成熟，制作电解槽的材料成本也较低，应用于大规模工业生产。

但碱性电解水技术能量转化效率较低，一般在 60%~80%，在制氢过程中，会有相当一部分能量以热能等形式散失。此外，若是阴阳两极压力不平衡，会导致氢气或氧气穿过电解槽隔膜混合，从而引起爆炸。为了避免这种情况的出现，就必须降低电解槽的关闭或启动速度，以保证阳极和阴极两侧压力均衡。这样一来，就无法做到快速调节制氢速率，而可再生能源制电恰恰又有很大的波动性，当风力或太阳能发电功率快速变化时，碱性水电解设备难以迅速调整制氢速率与之匹配。

固体聚合物电解水技术一般包括质子交换膜电解槽技术和阴离子交换膜电解槽技术两种。质子交换膜电解槽以质子交换膜（PEM）作为电解质，通常采用铂（Pt）、铱（Ir）等贵金属材料作为电极催化剂。反应时，水分子在阳极催化剂的作用下分解成氧气和氢离子，随后氢离子（H^+）通过质子交换膜迁移至阴极，发生反应生成氢气。质子交换膜解决了碱性电解水技术响应速度慢、难以快速调节的问题，可适应可再生能源制电的波动性。但由于要使用贵金属材料作为电极催化剂，质子交换膜成本较高，对水质也有一定要求，需要用到纯水，因此整体投资成本较大。

阴离子交换膜电解槽使用的是阴离子交换膜而非质子交换膜，其原理与传统碱性电解水类似，只不过是通过阴离子交换膜传导 OH^-，同时阴离子交换膜还起到了隔绝氢气和氧气的作用。相对质子交换膜而言，由于阴离子交换膜电解槽采用的是阴离子交换膜，可以在更广泛的 pH 范围工作，不一定需要纯水，可以说同时兼具了两者的优点。但阴离子交换膜成本较高，且相对质子交换膜而言技术还不够成熟，使用寿命和性能稳定性方面还有待进一步提升。由于固体聚合物电解水技术与可再生能源发电有着良好的适配性，目前正在迅速兴起并广泛应用于商业用途。

高温固体氧化物电解水技术以固体氧化物陶瓷作为电解质，在高温下水蒸气进入固体氧化物电解槽后，在阴极处被分解为 O^{2-} 和 H^+，O^{2-} 会在电场电磁力作用下穿过电解质迁移到阳极生成氧气，失去的电子在阴极与 H^+ 生成氢气。

由于是在高温下运行，催化剂活性显著提升，水分解的能耗更低，因而效率可高达 90%。但目前技术还不够成熟，投资成本较高，尚处于实验室阶段。除此之外，其所要求的高温环境无疑会增加整体能耗。不过若是能找到合适的热源或技术上有新的突破，它也能成为制氢新的发展方向。

二、氢储运技术路线

作为氢能产业的关键一环，氢储运的发展显得尤为重要，只有打通长距离、低成本储运氢的关键一步，才能带动氢能产业实现高质量发展。《氢能产业发展中长期规划（2021—2035

年)》中提到，要“构建高密度、轻量化、低成本、多元化的氢能储运体系”。

1. 高压气态储氢

同其他气体储存一样，通过高压将氢气压缩储存是目前最为广泛应用的储氢技术之一，技术相对成熟。在加氢站和氢燃料电池领域，高压气态储氢占据着绝对的主导地位。

虽说高压储氢有着技术简单、充装速度快的优势，成本相对而言也较低，因而能大规模应用于加氢站，但问题在于气态氢能量密度较低，想要用气态氢储存足够的能量，就要体积足够大的储存设备，这无疑会增加氢气的泄漏风险，对于储氢罐的密封性和安全性，自然就有极为严格的标准和要求。随着运输距离的增加，泄漏的风险也更大，因此气态储运并不适合长距离运输。

不过目前已经在探索氢气的管道运输方式。管道运输无疑会极大降低氢气的远距离运输成本，如同生活中的燃气管道一般。也有直接将氢气掺进天然气管道输送的方式，但最终不同气体的分离是个难题。我国纯氢管道建设尚处于起步阶段，普遍采用低钢级管道，运行压力低，运营里程短。

为何不能像天然气管道一样，前期追加投资铺设输氢管道，后面一本万利？主要原因还在于氢气的特性不同于天然气，氢气分子在高压下容易渗透到金属材料的晶格中，与金属原子结合生成氢化物，导致材料脆化（氢脆），强度下降，因此管道在长期输氢时可能发生失效风险，而管道压力过低又会导致氢气运输效率低，且运输至末端应用时还需要二次压缩，增加成本，得不偿失。不过若是能研发出能够抵抗氢脆的新材料合金或是涂层，管道输氢或许能解决长距离输氢的难题。

2. 低温液态储氢

为了解决气态储氢能量密度低的短板，同时随着制冷技术的突破，便出现了低温液态储氢，即通过特定的技术将氢气冷却到 –253℃液化温度，使之液化存储在罐中。氢气液化后能量密度大大增加，相同体积下储存的氢气量远高于高压气态氢，这对于长距离储运氢气有着重要的意义。但氢气的液化不是一个简单的过程，需要用到专门的低温设备和技术，液化过程还要消耗大量能量，约占氢气本身能量的三分之一，因此液态储氢主要应用于航空领域。

不过随着氢能产业下游对氢能源需求的不断增长，特别是在跨区域能源调配和大规模储能领域，低温液态储氢技术的应用前景更加广阔。目前，一些研究致力于开发新型的低温制冷技术和高效绝热材料，若是能在降低液化能耗和储罐成本方面有所突破，低温液化储氢实现大规模应用的可能将极大提升。

3. 固态储氢技术

固态储氢并非是像将二氧化碳变为固态干冰储存一样，而是利用某些金属、合金或化合物与氢气发生化学反应，将氢气以固态形式储存起来，当需要的时候，再通过改变温度或压力条件，使储氢材料释放出氢气。该技术主要分为物理吸附储氢和化学储氢。

常用的物理吸附储氢的材料主要有碳纳米管、金属有机框架物、共价有机框架材料等。物理储氢的原理是通过分子间范德华力实现氢气与吸附材料结合，整个吸附过程完全可逆，不会破坏氢气分子结构，能耗较低，且氢分子在吸附材料微孔中扩散速度快，可实现快速充放氢。不过总体上物理吸附氢技术还处于实验室研究阶段，如何制备高储氢容量的吸附材料是未来的研发重点。

化学储氢主要有金属氢化物储氢和非金属氢化物储氢两种途径。非金属氢化物储氢主要是通过化学键结合方式将氢储存在非金属元素（碳、氮、硼等）形成的固态化合物中，理论上具有较高的储氢密度，但需要高温或催化剂释放，且副产物难再生，还有待于进一步开发。

金属氢化物储氢是指利用金属或合金与氢气发生反应，生成氢化物以达到储氢的目的，整个反应过程可逆，只需通过加热就可释放出储存的氢气。常用的储氢合金主要包括镁系、稀土系、钛系等。金属氢化物储氢可以说是目前最具商业前景的固态储氢路线。2024 年 11 月，全球首例固态储氢设备顺利出海，从上海运输至大连，使用的便是镁基固态储氢罐，标志着氢能在长距离、大规模运输方面的重大突破。

固态储氢是将氢气以固态的形式进行储存，杜绝了氢气泄漏的风险，安全性较高，且固态的形式便于运输，不同于气态氢和液态氢还需要专业运输车辆，普通货车就可以进行固态氢的运输。除此之外，固态储氢材料还可进行循环使用，且具有较高的储氢密度，例如镁基固态储氢循环使用寿命就超过 3000 次，可达液态氢的 1.5 倍。但固态储氢材料成本较高，且释放氢气大多需要高温条件，增加了能耗和成本。

4. 有机液体储氢

有机液体储氢也是化学储氢的一种。某些烯烃、炔烃或芳香烃等液体有机物分子中存在大量不饱和化学键（碳碳双键、碳碳三键等），氢气可以与之发生加氢反应，从而实现将氢气存储于有机液体，运输至终端后又可通过催化剂完成脱氢反应，将其中的氢气释放出来。储存后得到的有机液体与常规汽油等物理性质上类似，且可以像石油一样通过管道实现长距离运输，因此有机液体储氢也被称作“氢油”。有机液态储氢具有较高的储存密度，虽说可以通过管道运输，但氢油对管道的腐蚀和泄漏风险是个问题。此外，加氢和脱氢装置比较复杂，需要更高的技术要求和更复杂的设备支持，增加了技术和资金门槛；同时脱氢反应条件较为严苛，通常需要在低压高温下进行，难以找到合适的催化剂，且脱氢反应是吸热反应，能量损耗使得成本增加。

5. 盐穴储氢

前文所介绍的四种氢储运方式，各有优劣，但都普遍存在一个问题，那就是储氢规模和成本。

盐穴储氢，顾名思义就是将氢气存储在地下盐穴中，在这之前需要先得到适合存储的盐穴。往地下盐层中注入淡水，将其中盐层融化后，再泵空盐水，便形成了具有一定空间和密封性的盐穴，这时候再将氢气注入其中，便可达到储氢的目的。盐穴壁密封能力强，同时盐的惰性可以预防很多化学反应，防止储存的氢污染，并且操作较为灵活，可以进行快速注入，最关键的是可以进行长时储存，容量大、成本低，是未来大规模、季节性储氢的重要选择之一。

可再生能源中，风能季节性波动最强，盐穴储氢时间最长，可达数月甚至数年，二者之间有着良好的互补性。以江苏省为例，江苏省位于东部沿海地区，具有丰富的可再生能源，如太阳能、海上风能等，其可再生能源利用历史悠久，发展规模位居国内前列，特别是海上风电，装机总量多年位居全国第一，具有大规模储氢调电调峰的需求。同时江苏省具有大量现成的盐穴资源和成熟的盐穴储气库运营经验，位于常州市的金坛盐穴储气库群便是一个重要的天然气储气库。江苏省的可再生能源和盐穴储氢条件在地理上有着较高的重叠性，为可再生能源与盐穴氢储能技术耦合发电提供了绝佳条件。

不过，盐穴储氢还是受限于地理位置条件，缺乏一定的灵活性，同时单个盐穴库建设成本高，需要扩大规模以降低边际成本。此外，盐穴氢储能还受限于电解水制氢和氢储再发电的成本，若是这二者技术得到进一步发展，将极大降低盐穴氢储能成本，更具竞争力。

三、氢燃料电池技术路线

燃料电池本质上就是电解槽的反向工作，其发展历史悠久。就目前而言，燃料电池技术的发展方向主要有碱性燃料电池（AFC）、磷酸燃料电池（PAFC）、熔融碳酸盐燃料电池（MCFC）、固体氧化物燃料电池（SOFC）、质子交换膜燃料电池（PEMFC）等。

碱性燃料电池：其电解质通常为氢氧化钾溶液，碱性环境下，燃料的渗透率更低，电流密度会更大，使用金属元素铂（Pt）作为催化，启动响应速度极快，但能量密度低，不到质子交换膜燃料电池的十分之一。此外，由于电解质是碱性，空气中的二氧化碳会与之反应，大大降低实际使用寿命，因而氧化剂必须使用纯氧，成本大幅增加，商业应用率并不高。

磷酸燃料电池：其电解质采用的是浓磷酸，催化剂同样是铂，由于电解质是酸性，便不用再担心二氧化碳会与之发生反应，这样一来就可以直接使用空气作为氧化剂，成本大幅降低。同时氢气也不是唯一可行的燃料，天然气、甲醇等廉价材料同样可以作为燃料，因此对于化石燃料制取的氢气纯度要求不是太高，技术较为成熟，已经广泛应用于公民住宅、医院、商场、旅馆等热电联产服务。缺陷是发电效率低，只有35%~40%。

熔融碳酸盐燃料电池：一般采用一些活跃金属（锂、钾、钠等）的碳酸盐混合物作为电解质，隔膜材料一般为氧化铝锂（$LiAlO_2$）。熔融碳酸盐燃料电池工作温度相对来说较高，通常可达 650~700℃，在高温环境下放电反应速度较快，无须使用贵金属作为催化剂，因此成本较低。由于它并不能转换燃料的全部能量，其纯发电效率略高于磷酸燃料电池，一般在 45%~50%。若是将其与燃气轮机进行联合发电，或是利用发电余热实现热电联产，其发电效率和燃料利用率可以提高至60% 左右，成本将进一步降低。

固体氧化物燃料电池：顾名思义，其最大的特点就是以固体氧化物陶瓷作为电解质，除了分隔氧化剂和燃料，其电解质还能传递 O^{2-}，目前正处于示范应用和商业化推广阶段。其单体电池只能产生 1 伏左右的电压，因此必须将若干单体电池组成电池组，提高功率，才能满足实际应用需求。此外，固体氧化物燃料电池运行温度高，可达 650~1000℃，虽说可以通过热电联产提升综合能量利用率，但高温带来的是材料的选择制备困难、影响使用寿命等问题，此外，升温速度过快还容易对电池元件产生损害，因此还存在启动时间慢的问题。

质子交换膜燃料电池：通常使用聚合膜作电解质，其核心是质子交换膜，发电时氢离子通过质子交换膜从阳极到达阴极，从而与外电路构成回路，达到供电的目的。工作温度一般低于 100℃，能源转换效率高达 60%~70%，且在工作过程中不会产生震动和噪声，还有着启动响应快、比功率高、结构相对简单等优势，已经在客车、轻型汽车以及叉车等领域得到应用。同此前介绍的质子交换膜电解水技术一样，质子交换膜燃料电池面临的问题还是质子交换膜成本较高，同时对氢气的纯度要求也较高。

从制氢到储运再到发电，氢储能的多种技术路线各有长短，在不同的应用场景和发展阶段都有着各自独特的优势，不能简单地认为所有技术路线都是“条条大路通罗马”，都能毫无阻碍地推动氢储能实现大规模应用，每一种技术路线都还在不断发展和完善之中。随着科研投入的增加和技术创新的加速，各种技术瓶颈都有可能被突破，实现氢储能多路径、全方位的发展，推动实现能源绿色转型。

第三节　氢储能的发展传奇

氢能从最初的发现到如今应用于各行各业，从来都不是一蹴而就，而是充满了种种曲折和故事。

一、氢气的发现和使用

氢气的发现最早可以追溯到16世纪，但在那个信息还不够发达的年代，很难界定究竟是谁第一个发现了氢气。同时受限于当时的科技水平，很多发现了氢气的学者难以对其进行进一步研究，只把它当成一种可燃性气体，并未意识到它是一种元素单质。

到1766年，英国化学家卡文迪什在发表的一篇论文中较为完整地介绍了他对一种可燃空气（即氢气，当时并未对其命名）的研究。卡文迪什通过金属与各种酸的反应制取氢气，并通过水银槽法收集起来。他发现将制取的氢气与空气混合会产生爆炸，因而将氢气称为“可燃空气”。1784年，卡文迪什把氢气和空气混合密封在一个真空实验装置中，随后利用电火花进行打火引爆，最后得到了一定体积的液态水。这次实验让人们意识到了氢气可能是水的关键成分来源。也正因此，拉瓦锡在1787年确认氢是一种元素后，将其命名为“hydrogen”（氢），意思就是“成水元素”。

大家都知道世界上第一台汽车是1885年德国企业家卡尔·本茨设计并制造的，其动力系统是汽油内燃机。其实早在氢气被发现后，由于它的可燃性，科学家们就已经对其能否作为能源产生了浓厚的兴趣。1806年，瑞士发明家弗朗索瓦·艾萨克·德·里瓦兹开创性地制造出了世界上第一台以氢气为能源的单缸氢气内燃机（并非现代意义上的内燃机），但受限于当时的技术水平，氢气的制备远比现在要麻烦得多，因此并未获得更多发展。

新事物总是能吸引人们的眼球，既然氢气作为能源燃料在当时暂且行不通，那便开发其他的用途。由于氢气密度极低，远比空气要轻，便产生浮力，可以搭载重物升空。于是在 1784 年，法国罗伯特兄弟制造出了历史上第一艘氢气飞艇，不过在当时蒸汽动力和内燃机还未应用，只能依靠人力控制飞行，飞行效果并不理想。

直到后来蒸汽动力出现，飞艇上开始安装螺旋桨以控制方向，初步摆脱了人力束缚。之后电动马达问世，将氢气飞艇的发展推向了高潮。1900 年，费迪南德 · 冯 · 齐伯林将军建造了第一艘齐伯林氢气飞艇，10 年后又制成了第一艘运送旅客的飞艇，最多可乘坐 20 名乘客，时速达 70 千米 / 小时，这可比客运飞机的应用还要早了几年。

但氢气终归是可燃气体，在一定浓度范围内还会发生爆炸，这是一份不可控风险。1937 年 5 月 6 日，一艘氢气飞艇“兴登堡”号飞行至新泽西州上空时突然发生爆炸，给氢气飞艇事业带来致命打击，氢气飞艇渐渐淡出人们的视野，但科学家们仍在开发氢气的其他用途。

二、氢储能的发展历程

氢储能不是 21 世纪才有的储能构想。早在 1800 年，尼科尔森（Nichoson）和卡莱尔（Carlisle）就已经使用电解法提取了氢气和氧气。法拉第在其 1834 年发表的著作中阐述了电解水的原理。1839 年，威廉 · 葛洛夫展示了氢氧燃料电池的原理。这些都为“电氢电”储能模式提供了理论和技术支持。不仅如此，1923 年 J. B. S. 霍尔丹（J. B. S. Haldane）就已经提出可以利用可再生能源产生的电力来电解水制氢，20 世纪 70 年代的石油危机，让人们开始广泛关注可再生能源和储能技术，氢储能概念在此背景下开始逐渐形成。随后在 1975 年，O. 苏尔坦（O. Sultan）和 M. 肖（M. Shaw）首次提出利用液态芳香族化合物（甲苯、苯等）作为载体储存氢气，通过循环加氢、脱氢反应实现氢气的可逆存储，为氢储能的发展开辟了新的领域。现今的氢储能发展，已经不仅仅是简单的能源存储，正在逐步发展成为一条完备的产业链。在这条氢能产业链中，氢燃料电池发挥着不可或缺的作用。

1. 日本氢储能的发展情况

日本在燃料电池关键技术和商业化应用方面处于世界领先地位，在氢能与燃料电池领域的技术专利数量更是居于全球第一。20 世纪末，日本便开始将氢能与燃料电池列入计划的重点研发课题，随后在 2001 年又出台了《燃料电池实用化战略研究会报告书》，更加注重氢能在燃料电池方面的开发和实际应用。次年，丰田、本田便向政府首次交付了燃料电池汽车，不过最终效果并不理想。经过十余年发展，日本政府又在 2013 年推出了《日本再复兴战略》，直接把发展氢能源提升为国策，进一步提升氢能发展地位，并在 2017 年发布的《氢能源基本战略》中明确将在 2050 年将日本打造成为一个氢能社会，是世界上第一个把氢能作为国家战略的国家。

2. 美欧氢储能的发展情况

美国和欧盟对氢能的发展也十分重视。2002 年，美国经济学家杰里米 · 里夫金在《氢经济：全球能源网络的创建和地球上的权力再分配》中大力推崇氢储能等氢能源应用，让当时的欧盟委员会主席致力于一项数十亿欧元的研发计划。2014年美国发布《全面能源战略》，明确提出氢能作为替代性能源将在交通业转型中起到引领作用。截至2022年年底，美国已经有270个正在运营的氢气生产设施，另有130个在建或规划中。2023年年底，美国发布《美国国家清洁氢战略和路线图》，提出到2033年每年生产600万吨氢，到21世纪40年代每年生产2500万吨的目标。欧盟也不遑多让，其在2014年启动的地平线计划，显露了对氢能和燃料电池的重视，在相关领域的总预算超过200亿欧元。

三、我国氢储能发展历史

1. 我国奥运会上的氢储能运用

2022年2月4日，第二十四届北京冬奥会拉开了序幕，自此，北京成为历史上首个同时举办过冬奥会和夏奥会的城市。值得注意的是，这两次奥运会，北京都与氢能结下了深厚“氢”缘。

2008年7月6日，由上海多家公司联合同济大学研制的氢燃料电池车举行了发车仪式，正式走出实验室，走向了北京奥运会，它们将作为奥运公务用车投入示范运营，与其他各类电动车一起服务奥运，实现奥运期间核心区的零排放，并且建成了我国首座车用加氢站。此次燃料电池车专项活动，不仅是上海市政府积极响应“科技奥运、绿色奥运、人文奥运”的重要体现，也是国内对氢能源应用的初步尝试。

2022 年北京冬奥会从申办到举办，一直坚持低碳、可持续的原则，奥运火炬的唯一燃料也成了清洁无污染的氢能。此外，不同于 2008 年北京奥运会的示范运营，氢燃料电池汽车正式成为运输主力，整个奥运期间共计投入使用超过 800 辆氢燃料电池汽车，比历史上所有重大国际赛事的投入规模都大，其中的氢燃料大型公共汽车数量也创下了有史以来国际级运动赛事中使用最多的纪录。

2. 我国氢储能引导政策

我国一直致力于低碳发展，推动碳中和的实施和研究，从不吝啬于耗费时间和精力探索新的清洁发展路径。国际上氢储能发展逐渐崭露头角后，我们也加紧跟上步伐。国家发展和改革委员会、国家能源局在2022年1月联合出台的《"十四五"新型储能发展实施方案》中首次正式引入了氢储能概念。方案中提到"开展钠离子电池、新型锂离子电池、铅炭电池、液流电池、压缩空气、氢（氨）储能、热（冷）储能等关键核心技术、装备和集成优化设计研究"。

2019 年发布《氢能张家口建设三年行动计划（2019—2021 年）》，明确张家口将"大力招商引资，重点培育氢气制储运和加注设备、氢燃料电池系统及整车核心部件等研发制造企业"，大力发展氢能下游产业。

如何超前布局氢储能？2024 年 11 月 6 日工业和信息化部等发布的《新型储能制造业高质量发展行动方案（征求意见稿）》提出，"拓展风光储氢等新能源应用场景，打通绿电—绿氢—绿氨 / 绿醇产业链，推动多能互补高效利用。针对沙漠、戈壁、荒漠等新能源富集且本地消纳能力较低的地区，探索利用可再生能源制氢”。由此可见，“沙戈荒”地区将成为我国超前布局氢储能的主要场景。

2024 年 11 月 8 日，十四届全国人大常委会第十二次会议表决通过《中华人民共和国能源法》，氢能首次被明确纳入能源管理体系，这不仅是政策支持升级的象征，更是对氢能产业“合法性、规模化、全球化”的全面赋能。它将推动氢能从技术示范阶段迈向商业化爆发期，最终成为我国实现“双碳”目标、参与全球能源治理的核心支柱产业。

3. 我国氢储能示范项目

《“十四五”新型储能发展实施方案》明确将氢储能作为一个重要的能源发展方向进行推动和引导，激起了国内各地大力发展氢储能的浪潮，全国氢能源项目遍地开花。

国内已经有一些前瞻企业看到了氢能发展前景。2020 年宁夏宝丰能源集团股份有限公司率先在宁夏开工，建设一体化太阳能电解水制氢储能及综合应用示范项目，这在国际上都算是顶级的制氢储能项目。2022 年 5 月完工的杭州 ±10 千伏柔性直流风光储氢用示范工程，是国内第一个做到融合柔性直流、氢电耦合、多能互补的低碳园区，实现了钱塘江畔风产生的多余电能的就地消纳。

2022 年 7 月 6 日，国内第一个兆瓦级氢能综合利用示范站在安徽六安投运。该站采用先进的质子交换膜电解水技术，历经 3 年时间探索，实现大规模、大功率电—氢—电储能转化，是国内第一个兆瓦级“制氢—储氢—氢能发电”全链条技术贯通并且可以满功率运行的综合电站，整站可以实现从绿电到绿氢再到绿电的零碳绿色循环。

2023 年 3 月，广州南沙小虎岛电氢智慧能源站完成建设投入运行，实现了我国首次固态氢能并网发电。该发电站利用光伏发电，再通过产生的电驱动电解水装置制取“绿氢”，最后生产出来的氢气采用固态储氢装置进行储存。相较于液态储氢而言，其安全性更高，储存密度更大，能量转化效率更高，使用寿命更长。经过 3 年时间的发展示范，截至 2024 年年底，已经有数十个氢储能示范项目建成，实现了多个“首次”，我国氢储能已经发展到了一个新阶段。

四、德国再现负电价——氢储能的发展并非无的放矢

2025 年 1 月 2 日，作为欧洲最大的电力市场，德国出现了 4 个小时负电价，也就是说，用户消耗多余电量，发电商还需要向用户付费，这看起来似乎不合常理，为什么发电商不干脆关闭发电呢？

究其原因其实还是在于，可再生能源发电的不稳定性。根据 2024 年数据，德国可再生能源发电量占 62.7%，而最不稳定的风力发电是主要来源，占总发电量的三分之一。2025 年 1 月初，德国狂风不止，自然而然就产生了大量电力，而德国法律规定可再生能源享有优先并网权，电网必须优先接纳这些电力。此外，欧洲电力市场采用市场竞价机制，当受天气影响产生大量可再生能源电时，市场上供过于求，自然而然就出现电价下调甚至零电价、负电价。

对于传统电厂如火电、核电而言，启停成本高，耗费时间长，难以及时调整，启停产生的成本可能比负电价还高；对

于新能源电厂而言，且不说发电量本就受环境影响，将电力进行储存也需要一定的成本。

当然，所谓的负电价也只是入网电价，是电力公司从发电站采购电力的价格，并非居民消费用电。同样的，当受天气影响电力急剧减少时，价格也会相应升高不少。

可再生能源电力的这种不稳定性对电网管理提出了更高的要求，特别是对于风能这种季节性差异较大的可再生能源发电，长时储能显得尤为重要。前文有所介绍，氢储能在长时储能中有着绝对的优势，因此，氢储能的发展是能源转型的必由之路。

第四节　氢储能是否“新瓶装旧酒”

早在 1842 年，克里斯蒂安·舍恩拜因（Christian Schönbein）和威廉姆·格罗夫（William Grove）便已经找到了将氢气和氧气混合产生电能的方法，并以此研制出了第一块氢燃料电池，称为气体电池。直到 2014 年，日本丰田汽车才推出一款新产品——民用商业化的燃料电池汽车“未来”（Mirai），开启了燃料电池商业化的开端。这不禁让人想问，早在 2 个世纪前就已经开始了氢能的利用，21 世纪的今天，作为氢储能的重要一环——氢燃料电池竟也是 170 多年前的产物，莫非所谓的氢储能也只是“新瓶装旧酒”，仅仅换上了个华丽的名词？其实不然。

一、传统氢能的利用

除了氢燃料电池，传统氢能还主要应用于航空航天领域和化工领域。

1. 航空航天领域

早期氢气发现后，由于其可燃性，人们曾想过用其作为燃料替代传统化石能源。但氢气的制取成本太高，不可能取代化石能源的地位，因此早期的时候更多是利用氢气极轻的物理性质制作飞艇，如前文所提到的齐伯林氢气飞艇。

直到 20 世纪中叶，随着技术的进步，氢的制取效率提高，同时低温技术取得进展，科学家们掌握了将氢气冷却液化的方法，极大地提高了单位体积氢气的质量，再加上氢气极高的能量密度和热值，液氢有了成为火箭燃料的基础。随着美苏两国太空竞赛的展开，需要更加强大的推力和更高效的燃料来提高火箭性能，液氢便具备这样的资格。1963 年，美国首次成功将液氢作为火箭燃料用于航天发射，其后的“阿波罗”登月火箭也是使用液氢作为燃料。

此外，虽然早期氢燃料电池能量利用效率低，并未得到进一步应用，不过随着材料科学的突破，科学家们开发出了高性能的电解质材料和高效的催化剂，提高了氢燃料电池的稳定性和效率，使得氢燃料电池的实用性进一步提升。由于氢的能量密度高，远高于传统镍电池，对于航天器减轻重量有重要意义，因此被应用于航天器供电。除此之外，氢燃料电池的产物仅为水，不仅可以直接为宇航员提供饮用水，还可搭配太阳能电解水制氢实现循环利用，极大延长航天任务周期。

2. 化工领域

大家或许不知道，氢能的利用有时候离我们的生活很近。有句谚语“春雨贵如油，雷雨发庄稼”，背后的科学原理是，植物的生长需要氮元素。虽说空气中含有 78% 氮气，但并不能供植物直接吸收，当出现雷雨天气的时候，闪电会使空气中的氮气和氧气发生一系列反应，最终在遇到雨水和土壤中矿物质后生成硝酸盐，供植物吸收，相当于是天然“氮肥”。既然如此，那能不能想办法不借助闪电固定氮呢？1909 年，卡克斯鲁厄大学的弗里茨 · 哈伯（Fritz Haber）教授发现了通过氢气和氮气的反应合成氨的方法，氨从此成为重要的化工原料，同二氧化碳反应就产生了我们所熟知的尿素化肥。除了用于生产化肥，氨还被用于化工中间体，例如制作硝酸、参与生产塑料纤维等。而根据国际能源署《全球氢能回顾 2023》报告，2022 年全球工业用氢量约 5300 万吨，其中有 60% 用于合成氨，可见氢—氨在化工领域的重要性。除了用于合成氨，氢气还被广泛应用于石油炼制，合成甲醇、甲醛以及一些不饱和烃加氢等。

二、氢储能和传统氢能利用的区别

首先，应用目标定位不同。

传统储能对于氢能的利用，不论是用于航空航天燃料或化工原料，抑或是用于氢燃料电池，核心都是将氢能作为直接能源载体或工业原料，本质上就是为了应对能源危机，试图替代传统化石燃料。

储能对于氢能的利用是将其作为能量存储介质，以解决可再生能源发电的间歇性和波动性。电力过剩时用多余电力电解水制氢，电力不足时又利用氢燃料电池或燃气轮机发电并网，起到了类似“充电宝”的作用，实现电力的错时错峰调配。

此外，现在的氢储能并不单单是指将能量存储于氢这一简单路径，而是为了实现氢储能大规模应用的一整条产业链，氢燃料电池也仅仅是作为氢储能的一环。《氢能产业发展中长期规划（2021—2035年）》中明确指出，氢能是未来国家能源体系的重要组成部分，氢储能是实现可再生能源大规模消纳和长周期储能的关键技术，需统筹推进“制储输用”全链条发展。

其次，氢来源不同。

由于传统氢能利用是将其直接当作能源载体或化工原料使用，自然不能使用高成本的制氢方法。因此，传统氢能利用基本上都是通过化石能源、工业副产气制氢（即灰氢、蓝氢），碳排放较高。而氢储能则主要是利用可再生能源电解水制氢（绿氢），虽然提高了成本，但胜在绿色无污染。

最后，应用场景不同。

不同于传统氢能直接作为燃料或原料使用，氢储能的应用场景主要有三种，电网储能调峰（利用储能调节用电高峰和低谷期），离网发电供能（将氢储运至偏远地区或岛屿，用于区域性离网发电），跨季节储能（储存太阳能、风能等季节性波动大的电力）。于氢燃料电池而言，传统上也只将其用于交通领域，作为新能源汽车、新能源船舶等的动力系统；但氢储能则还将氢燃料电池用于发电并网、热电联产供热等。

氢储能有如今的发展，是建立在大量技术难题被攻克的前提下的。电解水制氢技术最开始也只有不到 10% 的转化效率，随着近几年电解槽的发展，特别是高温固体氧化物电解水技术，可以将效率提升到 90%。前文也有提到，传统氢燃料电池由于效率问题并未得到大规模应用，随着氢储能的兴起，在一系列政策的支持和推动下，氢燃料电池的效率最高已经达到了 60%，完全可以实现商业化。

随着数字化、智能化技术的发展和应用，氢储能也逐渐步入了“智慧储能”时代。通过数字化传感器实时监测制氢设备的各项参数，再将这些参数数据实时传输至中央控制系统，运用智能算法进行分析优化，从而提高制氢效率，降低能耗。部署数字化气体传感器网络，实时监测储氢罐内氢气的各项关键指标，结合智能控制系统，大大减少意外的发生。在氢储能电站与电网连接的应用中，数字化能量管理系统可以根据电网的负荷需求和电价信号，结合氢储能系统的状态，智能调度氢气的发电功率，增强系统响应速度。

三、从氢储能到氨储能

工业用氢大部分用于合成氨，其实氨不仅是工业原料，还可以用于储能。《“十四五”新型储能发展实施方案》将氨能列入“十四五”新型储能标准体系重点方向和新型储能技术装备攻关，强调了氨的氢基储能和低碳燃料的属性。

氨储能即利用氨作为载体来储存能量。当可再生能源发电过剩时，将多余电能用于电解水制氢，再与空气中分离出的氮气反应合成氨，这样便将电能转化为氨的化学能储存了起来。在需要的时候，再通过氨的分解或直接燃烧释放出电能或热能。

在生产上，同氢气几乎一致，制氨可以分为灰氨、蓝氨、绿氨。绿氨制备技术的反应式为$N_2 + (H) \rightarrow -NH_3$，式中（H）代表为氨提供氢原子的含氢载体，包括水（H_2O）和绿氢（H_2）等。相比于氢储能而言，氨在标准大气压下，只需降温到 -33℃就能液化，极大地增加了储运灵活性，降低了储运成本，且相同体积下，液氨的含氢量还比液氢高出 60%，能量密度更高，达 11.8 吉焦 / 立方米，是氢的 2 倍。此外，氨相比于氢而言，安全性更高，储能时间也不遑多让，最长可达 1 万小时，满足季节性储能的需求。

从整个储能路径看，氨储能与氢储能也有较多重复，某种意义上，也可以把氨储能当作氢储能的一种实现路径，解决了目前氢储运成本高、安全性问题等难题，打造一条“高效合成清洁氨—低成本安全储运氨—无碳清洁氨氢利用”的全链条绿色循环经济路线。

综上所述，从各个角度来看，相比于传统氢能利用，氢储能都有着质的不同，氢储能正是站在历史巨人的肩上，开启了能源革命的新篇章。

第十一章
热（冷）储能

第一节　热（冷）储能的冷热之道

无论是基础的工业生产还是传统的火电、核电，抑或是前文提到的氢燃料电池，运行过程中都会产生大量余热，若是能够将这些热量收集存储起来，转而应用于其他需要热能供应的领域，能极大地降低生产成本，提升能源利用效率。这便是新型储能技术——热储能的一种利用方式。

一、热（冷）储能的原理

热（冷）储能的本质就是通过特定的介质或材料，将多余的热能（或冷能）存储起来，在需要的时候进行释放，实现热能（或冷能）在时间、空间上的错需调配（冷能就是低于环境温度的热能，二者本质上并无区别，因此下文统称热能）。热（冷）储能的核心原理是基于热力学定律，通过材料的温度变化、相态变化或可逆化学反应实现能量的存储，可分为显然储热、相变储热（潜热储热）以及热化学储热。

1. 显热储热

冬日的时候，北方的暖气总是让南方蜷缩在被窝里的大伙儿羡慕不已。暖气就是采用热水作为热媒，热水在锅炉或热源处被加热后，通过预先铺设的管道输送到各个房间的暖气片，水具有较高的比热容，加热后的水在温度降低时释放出大量热量，从而提升房间内温度。这也是显热储热的原理。热力学上，热量的传递方式主要有显热和潜热两种基本形式。显热是指物质吸放热过程中并不会发生相变和化学反应，只有自身的温度会发生变化。当具有高热容和热导率的材料（如暖气中的水）吸收热量时，自身温度会明显上升，冷却的时候又会释放出先前储存的热量，达到储热的效果。

显热储热是目前最为成熟、应用最为广泛的储热技术。显热储热材料来源广泛，成本较低，但同时也有着温度变化大、储热系统规模庞大的问题。常用液态显热材料有熔盐、水、导热油、液态金属等，常用固态显热材料有陶瓷、岩石、混凝土等。

2. 相变储热（潜热储热）

相变储热的“相”即物质的相态，如固态、液态、气态。顾名思义，相变储热即利用物质在相态变化过程中会吸收或释放大量热量这一特性来实现储能。我们所熟知的水，从固态冰融化为液态水时会吸收大量的热，水蒸气液化时又会释放大量热，这就是为什么雪开始融化时会比下雪时更冷，蒸汽烫伤会比开水烫伤更严重。

按照在吸放热过程是否会出现液态，常用的储热材料可分为固液相变储热材料和固固相变储热材料（气态一般体积较大，不适于储热）。固液相变储热材料在吸放热过程中会发生固态和液态之间的转变，又可细分为有机相变储热材料（各类脂肪酸、石蜡等），无机盐类相变储热材料（各类硝酸盐、碳酸盐、盐酸盐及其混合物等），金属（合金）类相变储热材料。有机相变储热材料高温易挥发，因此主要用于低温储热，成本不高，但导热系数较低。无机盐类相变储热材料可以根据需要调整各类无机盐的比例以改变其熔点，一般应用于中高温储热，导热系数相对较高，储热密度大，但容易出现过冷现象（物质达到了凝点也不凝，如过冷水）和相分离（温度上升时释放的结晶水无法溶解所有盐）。大部分金属（合金）类相变储热材料熔点都较高，主要应用于高温储热，各项储热性能良好，但相对而言成本偏高，且金属材料容易氧化。

固固相变储热材料通常是通过晶体与晶体、半晶体之间可逆的相变过程来实现热量的吸收或释放，整个过程一般不会出现液态，因而过冷度（物质实际凝固温度和理论凝固温度之间的差值）较小，也不用担心相分离。就目前来说，多元醇类、高分子类及无机盐类等固固相变储热材料发展潜力较大。相对而言，固固相变储热材料导热性能较差，储热密度也较低，此外，循环使用可能会改变材料晶体结构，影响性能稳定性。

不同种类的储热材料总是存在各种缺陷，为了解决这些问题，复合相变储热材料应运而生，将不同的相变材料或相变材料与其他添加剂复合在一起，取长补短，提高相变储热材料的综合性能。

3. 热化学储热

生活中有一些化学反应是可逆反应，即在一定条件下反应可以逆向发生。若一个可逆反应正向是吸热，那么其逆向反应就是放热反应。热化学储热就是基于此原理，利用一些可逆反应的正向反应吸热储能，再通过其逆向反应释放能量。常见的热化学储热材料主要有碳酸盐、金属氢化物、氢氧化物、氧化物、氨和甲烷等。相比于显热储热和相变储热，热化学储热储能密度更高，是前者的 5~10 倍，可以极大地减少储热体积。此外，热化学储热工作温度范围更广，可以适应各种储热温度场景。最关键的是，显热储热和相变储热总是会因为储热材料和周围环境的热量交换而出现热度流失的情况，而热化学储热理论上不会出现热量损失，可以实现长期存储。不过就目前而言，热化学储热材料性能尚未达到工业化应用水平，还有待进一步开发研究。

二、热（冷）储能的独门绝技

随着近年来储能需求的扩大，已经有多种储热材料应用于热储能，下面介绍几种基于显热储热和相热储热原理的具体热（冷）储能技术。

1. 熔盐储热——光热发电的最佳拍档

熔盐即熔融状态的液态盐（主要是无机盐）。作为储热介质，熔盐化学性质稳定，具有优良的导电性能，稳定使用温度在 300~1000℃，可以适应各种储热场景。储热时通过熔盐吸收热量温度升高，将其储存在高温熔盐储热罐内，在需要发电或供热时，可通过热交换器与需要热量的介质进行热交换。例如供热系统中传递热量给循环水，使水温升高。进行热传递后，高温熔盐温度降低，继续存储在低温熔盐罐（冷罐）内，进行循环使用。根据熔盐储罐的个数，熔盐储热系统可分为单罐、双罐、多罐储热系统。目前大部分热储能技术都是采用双罐储热系统，其热罐和冷罐相互独立工作，互不影响，罐内不存在温差，因此在储能和释能的过程中，技术风险相对较低，但冷罐可能会存在熔盐凝固的风险。多罐储热系统其实就是在双罐系统的基础上按需增加更多的储罐，可以增加储热量，提高储热系统机组的可靠性和灵活性，但带来的就是高投资成本。

根据储热介质和传热流体的关系，熔盐储热系统又可分为直接储热系统和间接储热系统，两者的核心区别在于熔盐是否直接参与热量收集与传递。间接储热系统需要通过传热流体（如导热油、水蒸气）从热源处吸收热量，随后通过换热器将热量传给熔盐，熔盐升温后存入热罐进行储热。放热阶段，熔盐从热罐泵出，通过另一组换热器进行热量传递，一般是将热量传递给工质（如水、蒸汽）驱动汽轮机发电或供热。由于传流热体与熔盐分离，可适配不同热源，同时也可避免热源杂质污染熔盐。但也正因此，两次的热量交换过程会导致热量损失。

直接储热系统即以熔盐作为传热流体，直接从热源处吸收热量，温度升高后直接存入热罐，释放阶段也直接从热罐泵出加热工质。由于少了一次热量交换环节，减少了热量流失，提高了整体储热效率。但因为熔盐直接接触集热管，可能会出现材料腐蚀的问题，并且为了保证熔盐不凝固，还得全程保温或加热，一旦集热装置出现故障，可能会影响整个系统运行，灵活性较差。见图 11–1。

以太阳能熔盐储热耦合技术为例，最开始的光热发电是直接利用太阳能将水加热为水蒸气，再利用蒸汽推动汽轮机做功发电。由于太阳能的不稳定性，发电过程并不稳定，后来部分电站开始采用导热油作为中间介质，发挥一定的储热作用，提升蒸汽发电稳定性，但成本较高。经过进一步摸索后，人们发现了更好的光热介质——熔融盐，通常是使用硝酸盐，其具有良好的储热性能，不仅极大地增强了光热发电的稳定性，凭借其长时储热，还可实现错时发电。此外，硝酸盐储热发电还极大地提高整个系统的能源效率，汽轮机发电效率提升超过 40%，熔融盐储热工作温度在 260~600℃，与光热发电无比契合。将熔盐储热系统同光热发电系统结合起来，可使光热发电同时具备发电和储能的特性，可以说熔盐储热系统与光热发电是“最佳搭档”。与其他类型储能电站相比，熔盐光热电站储能周期相对较长，并且还有着大容量优势，可以实现新能源发电在更长时间维度上的调节。

2.“跨行”应用——混凝土储热

除了特制的熔盐可作为储热材料，我们生活中常见的陶瓷、岩石、混凝土等也可作为储热材料。就混凝土而言，其本身就是一种复合材料，可以按需配置不同热物性参数的混凝土，因而作为热储能材料灵活性较高。

混凝土之所以能从建筑业“跨行”到储能行业使用，除

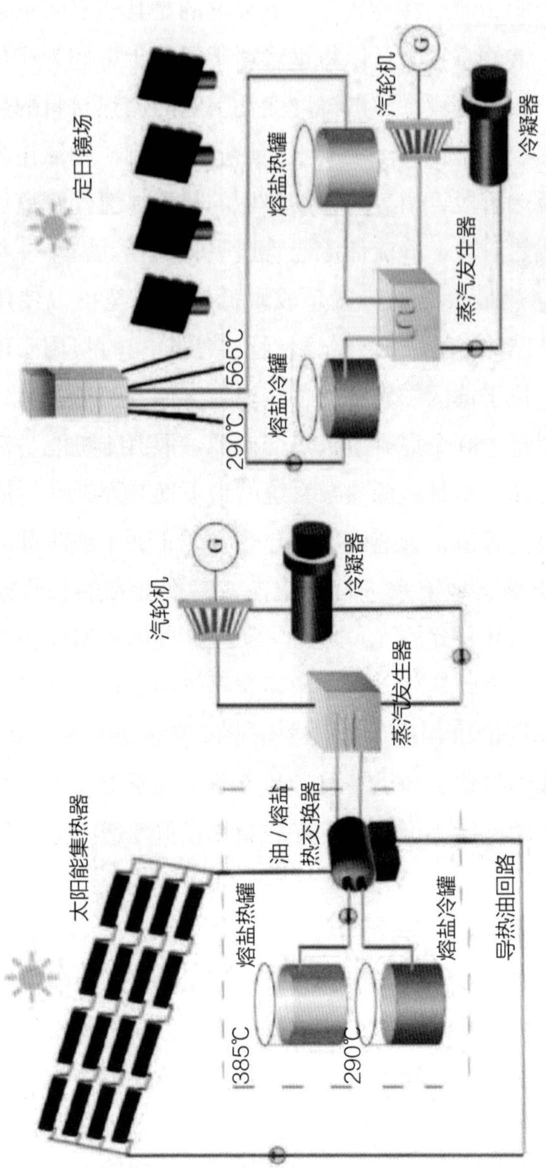

（a）间接熔盐储能

（b）直接熔盐储能

图 11-1　直接储热和间接储热原理图

了自身成本较低、储热性能较好，更关键的是其热膨胀系数与钢材差不多，这就意味着可以将钢管埋于混凝土中作为换热流体的通道。吸放热过程导致的温度变化引起的储热材料的热胀冷缩并不会影响系统运行。混凝土储热通常使用矿物油作为换热流体，在吸热阶段，由集热器加热后的热流体流经管道加热混凝土；在放热阶段，冷流体流经管道吸收热量。

混凝土储热最大的优势就是成本低廉，甚至可以使用废气混凝土制备储热单元。此外，混凝土储热还可直接用于建筑供热。例如，位于德国图宾根的蒂宾根地区储蓄银行，其建筑主楼采用的便是 150 个混凝土桩热交换器。混凝土桩既是建筑结构的基础支撑，也是地源热泵系统的地下换热器，在桩体内部埋设有热交换管道，管道内循环导热介质（如水或防冻液），通过与周围土壤、地下水进行热交换，实现能量的吸收或释放。地下土壤常年稳定在 10~20℃。冬季，桩体从温度相对稳定的地下土壤中吸收热量，通过循环介质传递至热泵机组为楼体供热，夏季则恰恰相反。虽说这并非传统意义上的热储能，但也为热储能建材建筑提供了思考和方向，说不定在不久的将来，我们所住的房屋都可以用良好的储热材料建造，真正做到“冬暖夏凉”。

3. 热储能技术的“良药”——相变微胶囊

上述几种储热材料或多或少都有缺陷，那有没有什么办法能够尽量减少这些缺陷带来的不利影响呢？相变微胶囊材料技术便成为一种解决途径。利用微胶囊包覆技术，将相变材料（芯材）封装在微小的胶囊内，这样一来，在储放热过程中，微胶囊可避免相变材料受外界环境影响，同时还增大了可用于传热的表面积，提高相变材料使用效率，此外，胶囊壁（壁材）的包覆还有效解决了相变材料容易泄漏、相分离、腐蚀等通病。

胶囊芯材主要是相变材料，包括固液、固气、液气和固固相变材料，但应用最广的还是固液相变材料，如脂肪酸、结晶水合盐，以及常见的石蜡、金属等，壁材通常是一些高分子材料或无机材料（二氧化硅、碳酸钙等）。可通过原位聚合法、界面聚合法、乳液聚合法、类悬浮聚合法、喷雾干燥法等多种途径制备。

除了解决胶囊内相变材料的部分缺陷，相变微胶囊还可作为一剂良药改善其他储能系统。例如，可将相变微胶囊添加在载流体（如前面介绍的储热系统中的传热流体）中，形成相变微胶囊悬浮液，这样一来，载流体便可同时兼具储热和传热的功能。胶囊中的相变材料在温度变化达到相变点时发生相态转变，吸收或释放大量潜热。在传热过程中，这部分潜热的利用大大增加了传热流体的热量传递能力，使得热量传递的速率加快，效率提高。此外，相变胶囊的加入还能进一步提高传热流体的稳定性。相变微胶囊中的相变材料能通过相变的吸放热，限制传热流体温度过高和低温凝固，有助于保持流体的物理和化学性质稳定，拓宽传热流体的可工作温度范围。

不仅如此，相变储热胶囊还应用于建筑（储能建材）、纺织、电子设备领域，可以说是目前最具发展潜力的复合相变储热材料。

三、热（冷）储能技术应用面临的挑战

尽管热（冷）储能技术在储能方面拥有众多优势，并且在很多领域也有了或多或少的应用，但在新型储能发展规模日益扩大的背景下，目前仍旧是锂电池储能一枝独秀。作为大容量、低成本储能的发展方向，热储能技术想要大规模应用，仍旧面临着不小的挑战。

1. 技术方面

各种储热材料或多或少都存在一定的局限性。例如，部分储热材料存在腐蚀性，会对容器造成损害，影响系统稳定性和寿命。一些相变材料容易出现相分离、过冷现象，影响储能性能。此外，在热能的存储和释放过程中，还存在热量散失、热传递效率不高的问题。同时，毕竟是应用于储热，难免要在高温、高压环境下工作，储能设备的部件容易出现老化、损坏等问题。诸如此类的问题无疑会成为热储能技术的绊脚石，还有待技术层面上进一步解决。

2. 成本问题

热储能成本低，主要指的是运行成本低，毕竟大多数储热材料都还算廉价。但热储能设备的前期投入是一个问题，特别是大规模储能系统，前期建设上需要购置大量的设备，如储热罐、换热器、泵、阀门等，还需要进行场地建设和安装调试，投资规模相对来说较大，需要较长周期才能收回成本，因而限制了企业的投资建设。

3. 应用市场

再完美的事物没有市场的青睐也只是中看不中用的花瓶。

多数人对于热储能技术相对比较陌生，对其性能、优势和应用效果了解不多，认为传统的能源供应方式和储能技术可能更加可靠，导致热储能技术在市场推广过程中面临较大阻力。此外，不同的应用场景，可能需要不同的热储能技术要求，如工业领域对储能的容量和功率要求较高，建筑领域对储能的灵活性和舒适性要求较高。要使热储能技术在各种场景下都能达到最佳应用效果，需要进行针对性的设计和优化，这增加了技术应用的难度和成本。

第二节　热（冷）储能的应用场景

在全球能源转型的大背景下，如何实现能源的高效存储和利用成为关键议题。热储能技术作为一种能够有效存储和释放热能的方式，凭借其大规模、低成本的优势，正逐渐在各个领域崭露头角。

一、发电厂储能

2025 年 2 月 9 日，国家发展和改革委员会和国家能源局联合发布《关于深化新能源上网电价市场化改革 促进新能源高质量发展的通知》，提出要“推动新能源上网电量全面进入电力市场、通过市场交易形成价格”，这意味着新能源发电不再是“铁饭碗”，若是新能源电站不做出改变，指望着“靠天吃饭”，将不再行得通。当新能源发电高峰时，由于采用市场定价，电能过剩，可能会出现德国的“负电价”情况。因此，储能的发展就显得尤为重要，尤其是大规模、低成本、长时储能。热储能不仅可以直接与光热系统耦合发电提升效率，也可以如传统储能一样利用多余电能制热进行储存。

1. 光热储热

熔盐储热同光热发电有着极佳的耦合关系，将储热系统融入光热发电系统中，在白天阳光充足时，储热系统吸热使熔盐温度升高，储存大量热能。在夜间或阴天，高温熔盐释放热量，产生蒸汽驱动汽轮机发电，实现了太阳能的连续稳定输出。以 50 兆瓦级太阳能塔式电站为例，在配备了储热系统后，系统年总发电量提升近 58%，系统年容量因子（实际发电能力与理论发电能力比值）从 26% 提升至 42%。从实际应用来看，位于西班牙南部塞维利亚市的赫马索尔（Gemasolar）光热电站便首先实现了仅仅利用太阳能就可以保证 24 小时持续发电，其核心就是采用了高温熔盐储热系统，即使无光条件下也可以凭借储存的热量连续发电 15 小时，解决了太阳能发电的间歇性和不稳定性，为电网提供稳定的可再生能源电力供应。

2. 风电消纳

随着能源互联网的发展，若能实现多种能量形式之间的相互转化，并对低成本、大容量的热储等技术加以完善利用，便可构建综合能源系统，进一步提高可再生能源消纳水平。例如，热电系统集发电和供热于一体，虽说提高了能源利用率，但也带来了“以热定电”的弊端，想要维持供热就得保证一定的发电功率，即使此时发电量超过用电量，缺乏灵活性。在热储能系统的加持下，将风电系统和热电联产系统结合在一起，在用电高峰风电不足时加大热电功率，多余的热量由储热系统储存；在用电低谷风电过剩时减小热电功率，短缺的供热量由储能系统放热填补，风电充足时还可直接用多余电能制热。通过风电和热电的联合优化，在引入储热系统的前提下，极大提高热电的灵活性和调峰能力，同时增加了风电上网量，减少弃风率。

3. 抽汽熔盐储能应用

2024 年 12 月 28 日，全国首套 600 兆瓦机组抽汽熔盐储能项目在国家能源集团河北公司龙山电厂投入试运行，该项目开创了国内火电抽汽熔盐储能的技术先河，为火电机组大幅提高调峰能力开辟了全新的技术路径。

故事要从 2021 年年底说起。2021 年 11 月国家发展和改革委员会和国家能源局印发《关于开展全国煤电机组改造升级的通知》，标志着全国煤电机组改造升级工作正式启动。该工作分为节煤降耗改造、供热改造和灵活性改造三个部分，由于三者往往联动进行，故火电行业称为“三改联动”。当时龙山电厂迅速成立了改造项目建设工作组，面对众多技术路线，工作组通过实地调研、资料查询，对水储能、固体储能、熔盐储能等多种技术进行了深入的论证比选，分析各自的优缺点及与机组的适配性，最终选定“抽汽蓄能熔盐储热”技术路线。

电厂进行了多次性能试验，确定了最佳的储、放热参数，并完成了不同工况下锅炉及汽机的安全性评估，形成一套完整的抽汽蓄能熔盐储热系统设计方案。性能指标令人振奋：深调能力提升，机组负荷在不投油最低稳燃负荷基础上再降低 100

兆瓦，机组负荷最低可降至 51 兆瓦（8.5% 额定功率），时长不少于 4 小时；顶峰能力增加，在额定工况下，机组出力增加 47 兆瓦，时长不少于 6 小时。

2023 年 5 月专家组评审此项目时一致认为，技术方案可行，具有首创性，为火电机组大幅提升灵活性开辟了新路径，示范意义重大。随后，熔盐选型研究最终选定了三元盐作为本项目熔盐介质，保证熔盐安全性及可靠性。2024 年 3 月 1 日主体工程正式开工，建设现场如火如荼；2024 年 11 月 25 日开始设备单体调试；2024 年 12 月 26 日产汽成功，每一个工程节点都按期完成。试运行期间，龙山电厂抽汽熔盐储能项目完成了 100 兆瓦深度调峰、40 兆瓦顶峰能力测试，测试期间储、放热系统各项参数稳定。这证实了龙山电厂立足抽汽蓄能—熔盐储热技术路径的可行性。

二、工业领域

根据国家统计局数据，2022 年，全国能源消费总量已经超过了 50 亿吨标准煤，其中工业消耗量占比高达 67%。这些能源消耗中，有相当大一部分会以热量的形式流失，如果能将这部分热量进行回收利用，必然能大幅提高能源利用率。

1. 工业余热收集利用

以钢铁行业为例。我国钢铁行业一直是能源消耗大户，但能源利用率却不到 50%，生产过程各个工序都会产生大量余热，将这些余热收集起来用于供暖或热发电，便可提升能源利用率，同时给钢厂带来额外收益。但这些余热存在较大的间歇性和不稳定性，目前主要是采用转炉烟道汽化余热，锅炉将这些高温热能回收转化为低压饱和的蒸汽用于发电，余热未能得到充分利用。若是接入热储能系统，将高温余热进行热交换存储，便可得到稳定可持续的高温蒸汽用于发电，极大提高发电稳定性和余热利用率。其基本原理见图 11-2。

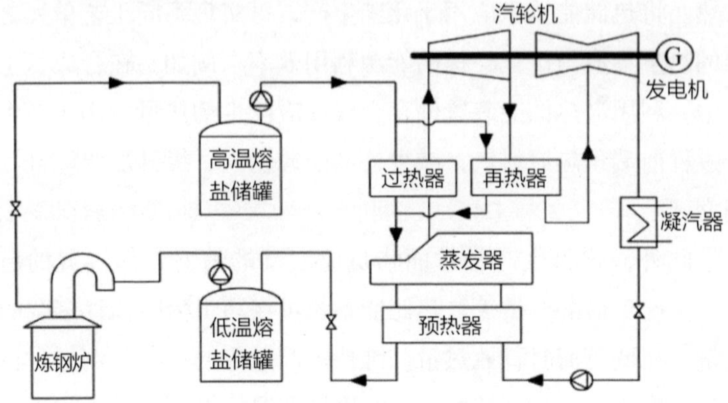

图 11-2 钢铁行业余热利用示意图

通常采用熔盐作为储热介质，烟腔内会埋置多根金属管束用于换热，运行时，高温烟气顺着烟腔流动，低温熔盐则顺着金属管从另一个方向流动，二者完成热交换，熔盐升温后流入热罐存储。放热时高温熔盐由热泵泵出，将水加热为高温蒸汽用于发电或供热，自身降温流入冷罐，形成新的循环。

热储能适用于各种工业余热的就地回收利用，移动式热储能技术将更进一步拓宽其商业前景。移动式热储能技术其实就是将工业余热储存在送热容器中，运输到其他地方进行使用。日本政府便顺利开发了一种可移动的热储能系统，成功将污泥焚烧炉中的余热进行回收，并运输到异地的体育馆进行供热，有效减少 71%~93% 的二氧化碳排放量。

2. 化工行业

化工行业生产过程复杂，涉及多个反应和分离步骤，存在大量的热量交换，有的步骤需要加热，有的过程又会释放大量热。将热储能技术应用于化工生产，可实现不同工艺单元之间的热量集成与优化，提高能源利用效率。例如，在合成氨生产中，利用潜热储能装置储存合成反应产生的热量，用于在生产过程前端预热原料气，减少外部能源输入，提升能源综合利用率。

此外，化工生产常常面临负荷波动的情况，如装置的启停、生产负荷的调整等。热储能系统可在高负荷时储存多余的热量，在低负荷时释放热量，维持生产过程的稳定。例如，在甲醇的模块化生产系统中，生产模块需要根据原料供给或需求变动频繁启停，这无疑会导致生产系统预热、冷却和反应热移除等环节出现较大波动，增加储热系统便可在一定程度上平抑这种波动。若是能将启停过程中的热量进行存储，在生产线需要热量供给时再由热罐释放，便可实现模块化生产热量的跨时调度，减少能量损失和波动。

三、其他应用场景

1. 冷储能应用

冷能就是相对热能而言，既然热能能够进行存储，那冷能自然也行。曾经轰动一时的臭氧层空洞，罪魁祸首之一就是一种常见的制冷剂——氟利昂，虽然已经被逐步淘汰，但现在的制冷技术依然会造成温室气体排放，若是将冷储能技术应用于制冷，将进一步减少温室气体排放。

相变储冷技术便可利用低谷时期的廉价电力将相变材料进行相变储存冷能。不同的材料有着不同的相变温度，可用于不同的场景。对于物流中的冷链运输，一般采用有机物或水合盐材料作为相变储热材料。通过制作不同的相变储冷材料，替换传统冷藏车的制冷单元、围护结构、隔热墙，新型冷藏车不仅可以减少温室气体排放，还可减少能源消耗。水储冷和冰储冷也是两种我们常见的储冷形式，在用电低谷时期制冰或将水制冷，高峰时期通过冰融化和冷水热交换降温。上海浦东机场1号能源中心的水储冷系统为整个机场降低了51.3%的电费成本。此外，将冷储能材料直接应用于冰箱，也可提高冰箱的能量利用效率，节约用电成本。例如在管道内部填充储冷球，抑或是将储冷材料涂敷到冰箱冷却管，有利于冷量的均匀扩散，降低冷量流失，提升冰箱制冷效率。

2. 建筑领域

将储热材料用于建筑领域可以使建筑达到“冬暖夏凉”的效果，提升入住舒适度。建筑墙体对室内温度起着至关重要的作用，将相变温度处于人体舒适体感的温度范围的相变材料用于建筑墙体，便可通过相变材料在白天温度高时吸热，夜晚温度低时放热，以降低房间温度峰值，降低温度波动，将房间温度维持在一定范围，减少空调或取暖设备运行，一个夏季便可以减少15%左右电能消耗。

3. 交通领域

电动汽车的电池性能受温度影响较大，过高或过低的温度都会影响其寿命和充放电效率。热储能技术可应用于电池热管理系统，利用相变材料包裹电池模组进行吸收或释放热量，可将电池温度维持在合适的范围内。此外，还可通过热储能系统收集汽车或船舶运行过程产生的废热（如发动机废气余热）储存起来，在需要时释放用于供热或预热燃油，减少能源消耗。

4. 农业领域

温室大棚其实就是典型的热储能系统，只不过传统温室大棚是以空气为储能介质，储能密度较低。为了保持适宜的温度以保证农作物的生长，可以利用相变材料制作大棚墙体或覆盖材料，可有效提高大棚的保温性能，减少冬季采暖成本。在夏季高温时，热储能系统可通过储存夜间的冷空气或利用相变材料的相变潜热吸收热量，降低大棚内的温度，为农作物提供适宜的生长环境。

第三节　如何让热储能“热”起来

根据 2024 碳中和能源高峰论坛暨第四届中国国际新型储能技术及工程应用大会及新型储能技术青年科学家论坛上发布的《2024 年（二季度）新型储能典型应用与发展趋势分析报告》，截至 2024 年上半年，国内新型储能装机中，锂离子电池储能占比 97%，仍然具有压倒性优势，压缩空气储能占比 1.1%，液流电池储能占比 0.4%，铅碳（酸）电池储能占比 0.8%，而热储能则处于不起眼的“其他”一类。就目前而言，热储能在新型储能的圈子里还处于边缘位置，算是个“小透明”。那么该如何让热储能摆脱“小透明”的身份，走进公共视野，真正地“热”起来呢?

一、政策支持引导

国家政策的支持和引导，无疑会让热储能的发展道路少一些坎坷。就如同当初的新能源发电，政府制定了大量的支持政策，包括上网电价补贴、投资补贴与税收优惠、强制上网与优先调度等，使新能源发电一步步发展壮大起来，有了如今的规模。热储能技术想要发展起来，扩大市场，自然也少不了政策支持。

1. 制定针对性优惠政策

政府出台专门针对热储能技术的补贴政策、税收优惠政策和市场准入标准，例如对于热储能技术的投资予以税负抵扣，降低热储能建设投资贷款标准和利息，以鼓励企业和社会资本参与热储能技术的研发和应用。

2. 建立市场经济激励机制

完善能源市场价格机制，建立热储能技术的经济激励机制。例如，一方面取消原有的新能源电力固定上网价格机制，改为市场定价，引导新能源电厂发展储能技术，以应对新的定价条件下新能源电力波动带来的电价波动损失；另一方面实施峰谷电价政策，这样一来，电厂便有了动力发展储能系统，在低谷电价时期发电储能，热储能自然就有了更多发展机会。

3. 加大研发投入补贴

政府加大对热储能技术研发的资金投入，支持高校、科研机构和企业开展热储能技术的研究和创新，以期热储能技术能有关键性突破，带来更多发展可能。

4. 开发示范项目

由政府牵头开发建设热储能示范项目，给市场做一个表率，示范项目的成功运行不仅可以为热储能技术提供一个验证技术的平台，探索降低热储能成本和解决相关问题的有效途径，还可以直观地向公众、企业展示热储能技术的优势和应用效果，提高市场对热储能技术的认知度和接受度。

5. 纳入能源规划

将热储能纳入国家和地方的能源发展规划，明确未来热储能技术的发展目标和任务，引导企业和社会资本合理投资，促进热储能技术的有序发展。

二、技术突破创新

打铁还需自身硬，若是不能解决热储能技术目前存在的短板，纵使有再多的政策支持也只是徒劳。

1. 储能材料的研发和改进

热储材料是热储能技术的核心，应加大对高性能相变材料、复合储能材料等的研发投入，克服现有材料的短板，开发高能量密度、长寿命、低成本的热储材料。

2. 系统优化

结合人工智能与大数据技术，改进热储能系统的设计和结构，实现热储能系统的智能调控与故障预警，降低运行成本。同时，继续深入发展能源互联网，加强热储能系统与其他能源系统的集成技术研究，实现能源的高效利用。

3. 提升能量转换效率

研究新的热能转换技术，提高热储能系统的能量转换效率，例如，若能开发高效的热—电转换技术，将储存的热能直接转换为电能，便可减少一次能量转化过程，极大提高整个储能系统能量转化效率。

4. 加强产学研合作

建立企业、高校和科研机构之间的产学研合作机制，由企业为高校和科研机构提供实践平台和研发资金，高校和科研机构则为企业提供技术支持和人才培养，通过产学研深度融合，加强热储能技术的研发和创新能力。

三、应用场景拓展

热储能技术要想在新型储能领域有着一席之地并站稳脚跟，必然需要开拓更多的应用场景，如同氢储能一般。

1. 建筑领域推广应用

将热储能技术应用于建筑供热、制冷和空调系统中，提高建筑能源利用效率，提升住户入住体验。例如，开发基于热储能的智能建筑能源管理系统，实现建筑能源的优化配置。

2. 工业绿色转型

强制高耗能企业配备余热回收储能系统，降低能源损耗的同时推广热储能技术的应用。

3. 城市区域综合能源服务

推广“光储热一体化”社区，实现区域供热、制冷与电力协同优化。

4. 分布式能源系统的融合

推动热储能技术与分布式能源系统的融合，如将热储能与太阳能热发电、生物质能发电等新能源发电系统结合起来，构建分布式能源微网，实现能源的就地生产、储存和消费。

5. 新兴应用领域的探索

持续探索热储能技术在其他新兴领域（如电动汽车热管理、5G 基站散热）的应用，开拓新的市场需求。

6. 推动产业链协同发展

完善热储能产业链，加强上下游企业之间的合作。如同氢能产业链一般，要努力完善热储能从储能材料生产、设备制造、系统集成到工程安装、运行维护等环节的建设，形成完整的产业链条。

让热储能技术真正“热”起来，绝非一蹴而就，但正所谓“好饭不怕晚”，随着热储能技术创新的持续突破、市场机制的日益完善、政策环境的不断优化以及产业生态的逐步成熟，热储能技术必将迎来前所未有的发展机遇，拥有更加广阔而光明的前景。

BIBLIOGRAPHY

参考文献

[1] 陈秋宇，李文涛，李竺豫，等．中高温热化学储热材料研究进展 [J]. 热力发电，2024，53（6）：12–20.

[2] 陈曈，张伟波，周宇昊，等．分布式能源系统常用储能技术综述 [J]. 能源与环保，2019，41（7）：138–142.

[3] 丛琳，王楠，李志远，等．电解水制氢储能技术现状与展望 [J]. 电器与能效管理技术，2021（7）：1–7，28.

[4] 邓俊彦．氨氢联动促进氢能源的发展 [J]. 科技资讯，2024，22（1）：158–161.

[5] Ghosh T K, Prelas M A. Energy Resources and Systems: Renewable Resources (Volume2)[M]. Columbia: Springer, 2011: 495–629.

[6] 侯绪凯，赵田田，孙荣峰，等．中国氢燃料电池技术发展及应用现状研究 [J]. 当代化工研究，2022（17）：112–117.

[7] 何泽兴，史成香，陈志超，等．质子交换膜电解水制氢技术的发展现状及展望 [J]. 化工进展，2021，40（9）：4762–4773.

[8] 黄海泉，黄晓巍，姜望，等．新型配电网分布式储能系统方案及配置研究综述 [J]. 南方能源建设，2024，11（4）：42–53.

[9] 黄建峰．全球风力发电的现状及展望 [J]. 科技资讯，2011（23）：116–117.

[10] 蒋书运，卫海岗，沈祖培．飞轮储能技术研究的发展现状[J]. 太阳能学报，2020，21（3）：427-433.

[11] 孔昕山，黄仁星，康丽霞，等．甲醇模块化生产中分时储热系统的优化设计 [J]. 化工学报，2022，73（2）：770-781.

[12] 李海波．固态储氢技术现状与发展趋势分析 [J]. 现代化工，2024，44（4）：13-18.

[13] 李佳玉，魏乐，房方，等．飞轮储能控制技术及其在新型电力系统中的应用 [J]. 中国科学：技术科学，2024（6）：1003-1020.

[14] 李磊．熔盐储热技术在光热电站中的应用 [J]. 能源与环境，2018（5）：26，28.

[15] 李守圣．地下混凝土储热桩热能存储试验与研究 [D]. 长春：吉林大学，2010.

[16] 李文涛，周敏，许安琪，等．基于数据中心余热跨季节蓄热的分布式能源系统 [J]. 暖通空调，2023，53（S2）：31-34.

[17] 李亚溪，李传常，白开皓，等．热储能技术及其工程应用 [J]. 长沙理工大学学报（自然科学版），2022，19（3）：1-19.

[18] 李昭，李宝让，陈豪志，等．相变储热技术研究进展 [J]. 化工进展，2020，39（12）：5066-5085.

[19] 梁立晓，陈梦东，段立强，等．储热技术在太阳能热发电及热电联产领域研究进展 [J]. 热力发电，2020，49（3）：8-15.

[20] 林俊光，仇秋玲，罗海华，等．熔盐储热技术的应用现状[J]. 上海电气技术，2021，14（2）：70-73.

[21] 林琰，李德银．一次调频对核电机组反应堆运行影响的研究 [J]. 电工技术，2020（14）：16-17，52.

[22] 栾冠侠，刘宇峻．相变储能在建筑供暖空调领域的应用前景 [J]. 节能，2010，29（10）：3，62-64.

[23] 吕爱国，陈卫华，黄伟军．核电厂调频实现方案研究 [J]. 电气自动化，2016，38（5）：86-88.

[24] 吕泉，陈天佑，王海霞，等．含储热的电力系统电热综合调度模型 [J]. 电力自动化设备，2014，34（5）：79-85.

[25] 马艺翔，岳利媛．新型储能行业运行情况及发展趋势分析 [J]. 中国国情国力，2024（1）：8-12.

[26] 牟树君，林今，邢学韬，等．高温固体氧化物电解水制氢储能技术及应用展望 [J]. 电网技术，2017，41（10）：3385-3391.

[27] 沈艳霞，杨雄飞，赵芝璞．风力发电系统传感器故障诊断 [J]. 控制理论与应用，2017，34（3）：321-328.

[28] 师欢，王毅，冯辉霞，等．微胶囊相变材料研究进展 [J]. 应用化工，2013，42（1）：122-127.

[29] "十四五"新型储能发展实施方案（上）[J]. 大众用电，2022，37（3）：7-9.

[30] 孙东，荆晓磊．相变储热研究进展及综述 [J]. 节能，2019，38（4）：154-157.

[31] 孙宏斌，郭庆来，潘昭光．能源互联网：理念、架构与前沿展望 [J]. 电力系统自动化，2015，39（19）：1-8.

[32] 伍赛特．航空母舰综合电力系统技术的研究综述 [J]. 机械管理开发，2020，3（92）：213-215，218.

[33] 闫晓磊．储能飞轮优化设计理论与方法研究 [D]. 长沙：湖南大学，2011.

[34] 易文清，孙雷．天然气分布式能源在工业园区中的应用 [J]. 科技创新与应用，2025，15（2）：193-196.

[35] 许传博，刘建国．氢储能在我国新型电力系统中的应用价值、挑战及展望 [J]. 中国工程科学，2022，24（3）：89–99.

[36] 徐硕，余碧莹．中国氢能技术发展现状与未来展望 [J]. 北京理工大学学报（社会科学版），2021，23（6）：1–12.

[37] 赵洁，刘涤尘，杨楠，等．核电机组参与电网调峰的运行方式及效益分析 [J]. 电网技术，2012，36（12）：250–255.

[38] 张慧敏，田磊，孙云峰等．有机液体储氢研究进展及管道运输的思考 [J]. 油气储运，2023，42（4）：375–390.

[39] 钟荣强，付秀勇，李亚军．天然气分布式供能系统在油田生产的应用 [J]. 煤气与热力，2019，39（1）：33–37，42.

[40] 中研普华产业研究院．2025—2030 年可再生能源行业风险投资态势及投融资策略指引报告 [R]. 2025.

[41] 周四丽，张正国，方晓明．固－固相变储热材料的研究进展 [J]. 化工进展，2021，40（3）：1371–1383.

[42] 周晗，李正宇，徐俊辉，等．我国可再生能源与盐穴氢储能技术耦合发电的分析与展望 [J]. 储能科学与技术，2022，11（12）：4059–4066.

[43] 朱傲常，李传常．相变储冷技术在冷链运输低碳转型中的应用 [J]. 能源环境保护，2023，37（3）：185–194.

[44] 左芳菲，韩伟，姚明宇．熔盐储能在新型电力系统中应用现状与发展趋势 [J]. 热力发电，2023，52（2）：1–9.

AFTERWORD 后 记

在这场能源变革中，技术乐观主义与生态悲观主义的角力从未停歇。当某国宣布研发出能量密度翻倍的固态电池时，刚果的钴矿儿童仍在泥浆中筛选矿物；当元宇宙数据中心宣称采用 100% 绿电储能时，太平洋岛国的潮汐能开发者仍在国际融资机构门前徘徊。这种割裂提醒我们：储能技术的指数级进步，尚未同步带来能源正义的普惠增长。或许真正的智慧储能，不仅要存储电子与离子，更要存储人类对可持续未来的共同承诺。

或许数百年后，当人类在星际能源站回望 21 世纪的储能革命，会惊讶于这个时代的矛盾与辉煌。我们仍在使用着粗糙的技术工具，却试图解决最精微的文明困境；我们深陷高碳社会的惯性泥潭，却为后代预埋了零碳文明的种子。这种在有限性中创造可能性的努力，正是智慧储能留给未来最珍贵的遗产——它证明了一个物种在意识到自身局限后，依然保有超越局限的勇气与智慧。

本书得以出版，要特别感谢财经作家、图书策划人姚茂敦老师对选题的方向和细节提供了很好的建议。感谢王肖童、林瑞、牟虹兆、魏恋璎、李珊珊、曾可佳、张周等研究生积极参与本书的讨论、资料收集和撰写工作。

谨以本书献给所有在光明与阴影中跋涉的能源探索者。你们正在存储的，不仅是千兆瓦时的清洁电力，更是一个物种对自我救赎的坚定信念。

时间仓促，难免出错，文责自负。